"十三五"职业教育国家规划教材

音频视频编辑

于斌 孙顺◎主编

赵宁 王蕾 陈爱华◎副主编

U0252963

清华大学出版社

北京

内 容 简 介

本书按照教育部颁布的《中等职业学校美术设计与制作专业教学标准》编写,适用于艺术设计与制作专业,以影视作品制作的工作过程为依据,采用任务驱动、案例教学。全书共分 8 个模块,从"编辑入门"开始,按"Premiere Pro CS6 编辑基础""字幕应用""音频应用""视频切换""视频特效""影视综合编辑""综合实训"逐步深入,详细介绍了 Adobe Premiere Pro CS6(简体中文版)的操作要点及应用技巧。

本书包含 16 个精选案例和 3 个综合案例,将软件的操作方法与技巧有机地融入教学,每个案例均按"案例描述""案例解析""操作步骤""流程图"4 个环节渐进展开,帮助读者快速掌握音频、视频的处理技术,初步具备制作多媒体影视作品的能力,满足企业对人才一专多能的岗位需求。本书的案例设计基于工作流程,符合职业岗位要求。本书配有评价表、全套素材、案例视频、微课、教学课件,扫码可使用。

本书可作为中等职业学校艺术设计类专业的教材,也可供从事影视制作、多媒体制作等影视编辑从业人员阅读参考。

图书在版编目(CIP)数据

音频视频编辑/于斌,孙顺主编. —北京:清华大学出版社,2017(2022.8 重印)
ISBN 978-7-302-42608-0

Ⅰ. ①音… Ⅱ. ①于… ②孙… Ⅲ. ①视频编辑软件—高等学校—教材 Ⅳ. ①TN94

中国版本图书馆 CIP 数据核字(2016)第 005770 号

责任编辑:张 弛
封面设计:牟兵营
责任校对:刘 静
责任印制:宋 林

出版发行:清华大学出版社
   网 址:http://www.tup.com.cn,http://www.wqbook.com
   地 址:北京清华大学学研大厦 A 座   邮 编:100084
   社 总 机:010-83470000   邮 购:010-62786544
   投稿与读者服务:010-62776969,c-service@tup.tsinghua.edu.cn
   质量反馈:010-62772015,zhiliang@tup.tsinghua.edu.cn
   课件下载:http://www.tup.com.cn,010-83470410
印 刷 者:北京富博印刷有限公司
装 订 者:北京市密云县京文制本装订厂
经 销:全国新华书店
开 本:185mm×260mm 印 张:17.5 字 数:393 千字
版 次:2017 年 4 月第 1 版   印 次:2022 年 8 月第 6 次印刷
定 价:59.00元

产品编号:067127-04

前 言

　　本书为适应中等职业学校艺术设计与制作专业技术技能人才培养需要,参照《中等职业学校美术设计与制作专业教学标准》的要求编写。

　　Adobe Premiere Pro CS6 是 Adobe 出品的全球顶级视频编辑制作软件。它为高质量的音频、视频(本书简称音视频)编辑提供了完整的解决方案,广泛应用于广告视频、电视电影视频、视频教学录制剪辑等方面,是音视频后期制作的常用软件,也是美术设计与制作专业多媒体设计制作方向的必修课程。

　　本书依据教学标准的要求和中职学生的特点,以广泛使用的 Adobe Premiere Pro CS6 为基础,以职业活动为导向,以岗位技能为核心,以任务为引领,通过简洁的语言、精美实用的案例,循序渐进地讲解了音视频编辑软件的主要功能、应用特点和使用技巧。

　　全书共分 8 个模块,从"编辑入门"开始,按"Premiere Pro CS6 编辑基础""字幕应用""音频应用""视频切换""视频特效""影视综合编辑""综合实训"逐步深入。本书针对中职学生的特点,兼顾专业特色,采用"案例教学法",精选 16 个实用案例和 3 个综合案例,以影视作品制作的工作过程为依据,突出岗位技能,重构教学内容,精心设计每个案例,并与章节知识融会贯通。每个案例的讲解均按照"案例描述""案例解析""操作步骤"依次展开,最后附流程图,提纲挈领地串联操作要点,带给读者耳目一新的系统认知。

　　本书为每个模块配备了评价表,可在教学中对学生的知识、能力和素质达标情况进行评价;本书配有全套素材、案例教学视频、微课、教学课件,请扫描相应二维码使用。

　　本书内容简洁实用,技术性、应用性与示范性贯穿全书,让读者在完成实际案例的过程中轻松掌握音频、视频的处理技术,初步具备制作多媒体影视作品的能力,为中职学生就业和升学打下坚实的专业基础。

　　本书由于斌、孙顺担任主编,赵宁、王蕾、陈爱华担任副主编,济南传媒学校的孙伟也参加了编写。

　　由于编者水平有限,不足之处在所难免,恳请广大读者批评指正。编者联系邮箱:yubin2002@126.com。

编 者

2022 年 7 月

全书素材

评价表

教学课件

目 录

编辑入门

1.1 "视语新说",走进音视频编辑

1894 年,爱迪生实验室的"电影视镜"问世。这是一种长方形立柜式箱子,里面有可连续放映 50 英尺胶片的影片,外面有一个 2.5 毫米的透镜。从此以后,这项发明慢慢走进并改变着人类的生活。这项发明也经历了很多重大变革。

最初的电影,只能向观众呈现一些拍摄者自己感兴趣的东西,比如花园浇水、街道风光、歌舞表演。一开始,观众对于能在布上看到一辆火车向自己驶来、园丁在花园浇水这些移动的影像感到新奇、有趣,觉得这是"魔术"。但是,时间一长,观众觉得乏味,"如果在现实生活中看到过别人摆弄水龙头,谁还会再花钱看白布上的影像"。电影的发明者——爱迪生和卢米埃尔兄弟非常失望,觉得电影这项发明没有未来。但是,爱迪生的雇员波特发现:通过剪切胶片的片断,从而讲述一个故事,电影将会变得有趣,因为人们通常都喜欢听故事。于是,在《美国消防员的生活》这部影片中,波特第一次运用了交互剪接,切换两个彼此无关的镜头。镜头 1:消防队员驾车赶往火场,如图 1-1 所示。镜头 2:在火灾中挣扎、呼救的人们,如图 1-2 所示。这两个镜头的反复切换,给观众带来了情感冲击,他们希望火灾中的人们可以得救。当消防队员赶到火场,救人成功后,影院中响起了一片欢呼。

图 1-1　镜头 1

图 1-2　镜头 2

剪辑的运用,使人们看到了电影的未来,电影业开始飞速发展,同时,剪辑技术也得到了极大发展。格里菲斯首次将中景、全景、近景以及特写等不同的镜头结合在一部电影中,

这种巧妙的组合把电影提升到了一个全新的高度,让电影达到了与艺术、美学以及音乐同等级别的位置,他发明的"闪回"剪辑手法至今还大量运用在电影的剪辑中。《一个国家的诞生》是格里菲斯的巅峰作品,这部电影包含了特写、平行事件甚至是闪回等剪辑技巧,可以说是现代电影的雏形。在格里菲斯的剪辑语法中,无缝剪辑是一切的根本。在《黑客帝国》这部影片中,无缝剪辑运用巧妙,人物动作从远景到近景的切换十分流畅,使观众感觉不到剪辑的痕迹,图1-3所示为其海报。

图1-3 《黑客帝国》电影海报

格里菲斯的无缝剪辑使得镜头之间的切换更加自然、合理,使得电影"讲故事"的效果越来越好。同时,也使剪辑技术越来越遁入无形。因此,剪辑被称为"无形的艺术",剪辑越恰到好处,镜头过渡越自然,越看不出剪辑痕迹。在格里菲斯那个年代,剪辑师的工作得不到重视。他们对着阳光看胶片,通过投影仪检查自己的工作,做出必要的调整。当时的剪辑远没有数码剪辑来得简单,往往一部电影需要许多员工在笨重的机器上工作数周甚至数月。剪辑更像是一种机械化的体力活动,而不是充满创意的脑力活动,图1-4所示为早期的电影剪辑师。

图1-4 早期的电影剪辑师

20世纪20年代,电影界迎来了第一次变革。导演通过大量不同镜头的拼接,使影片抒发特定的情感,从而达到影响观众感情的目的。理论家库列雪夫在他的一项著名研究中展示了"蒙太奇"剪辑方式的神奇魅力：他拍了一个男人的正脸，并且使这个镜头与三个不同镜头相互组合，不同的镜头组接使观众解读出了同一个镜头三种迥然不同的神情：饥饿、悲伤与柔情，这就是我们常说的"艺术再创作"，如图 1-5 所示。

(a) 饥饿

(b) 悲伤

(c) 柔情

图 1-5　库列雪夫的研究

与库列雪夫同时代的爱森斯坦，将这种蒙太奇式的剪辑发挥到了极致。爱森斯坦认为相互矛盾的镜头组合在一起可以"碰撞"出一个全新的镜头，两个不同层面的镜头组合创造的效果甚至可以达到一个更深的层面，其效果不是两数之和，而是两数之积。通过两个镜头的"撞击"创造一种新的思想，通过一系列思想的组合激发出导演想要传达给观众的情感，这便是爱森斯坦的"杂耍蒙太奇"。

20 世纪 30 年代，整个电影行业迎来了第一个春天。电影业的大浪潮也扩大了剪辑师在电影中的作用，剪辑师的称呼也由以前的"剪辑工"转换为"电影剪辑师"，其中名气最大的就是玛格丽特·布斯。当时电影的剪辑工作由制片厂完成，而布斯就是制片厂的剪辑总监，为米高梅（好莱坞五大电影公司之一）工作了 30 年。这个时候，电影逐渐走上了正轨，标准的格里菲斯和爱森斯坦式剪辑已经被融汇到电影中，很难看出明显的痕迹，电影渐渐转型成为有剧情的故事片，演员的作用被凸显出来。布斯作为制片厂最有权力的人，通过剪辑打造出了许多明星。她认为，剪辑师的核心价值在于控制影片节奏，并且让演员达到最佳状态。从这时起，演员与剪辑师之间架起了一座桥梁，如图 1-6 所示。布斯对剪辑事业做出了巨大贡献，1978 年，她获得了奥斯卡终身成就奖，这是历史上第一位剪辑师获此项殊荣。

图 1-6　剪辑师与演员在交流

无缝式剪辑认为，影片中的镜头应该是连续的，让观众看不出剪辑的痕迹。以让-吕克·戈达尔为代表的新浪潮派则持反对意见，甚至对此嗤之以鼻。法国电影新浪潮时期的电影，往往采用小成本制作，表现方式也着重于演员的主观感受和精神状态。移动拍摄、跟拍、画外音以及内心独白等手法被大量运用于电影中，电影摆脱了以往的禁锢。他们主张即兴创作，打破时空统一性的跳接剪辑手法成了这个时代最鲜明的标志，甚至是违反常规的摇动镜头也被运用到电影中。在这个时期，剪辑师愿意尝试看似不合理的镜头组合。他们制作的电影看似混乱无序，实则充满个性与张力。对此，戈达尔有一句名言：电影就是每秒 24 格的真实。

从 1935 年开始，奥斯卡金像奖设立了最佳电影剪辑奖。多数情况下，得到该奖项提名的电影，获最佳影片奖的可能性很大。1981 年至今，每一部获得"最佳影片奖"的电影都得到了剪辑奖的提名，其中大部分也最终获得了这个奖项（约三分之二）。剪辑在影片制作中越来越重要，剪辑师不再是导演雇来的小工，而是最重要的创意伙伴。

今天，随着计算机技术的发展和摄像设备的小型化，个人视频的新时代来临了。在这个时代，如果你有创作的激情，只需要一部摄像机和适合的音视频编辑软件，就可以坐在计算机前，制作出品质堪与摄影棚媲美的影片。

1.2　音视频编辑的常用软件

目前，进行音视频编辑的软件很多。其中，有很多专业级别的软件，也有很多软件简单实用，在对作品要求不高的情况下，可以自学完成一些音视频的简单处理。

1. Adobe Premiere Pro

　　Adobe Premiere Pro 是一款比较专业的非线性编辑软件,适用于高要求的广播和后期制作环境,具有操作简单、功能强大等优点。现在常用的版本有 CS4、CS5、CS6(见图 1-7)、CC 以及 CC 2014,有较好的兼容性,且可以与 Adobe 公司推出的其他软件相互协作。该款软件对计算机配置要求较高,从 CS5 版本往后,需要安装在 64 位操作系统中。Premiere Pro 就像一套完整的制作设备,拥有视频作品创作所需的所有工具,目前广泛应用于电视栏目包装、广告制作、影视后期编辑等领域。

图 1-7　Adobe Premiere Pro CS6

2. 会声会影

　　操作简单易学、界面简洁明快是会声会影的最大特点。影片制作采用向导模式,只要 3 个步骤就可快速做出 DV 影片,新手也可以在短时间内体验影片剪辑。该软件具有成批转换功能与捕获格式完整的特点,让剪辑影片更快、更有效率;画面特写镜头与对象创意覆叠,可随意制作出新奇百变的创意效果;"配乐大师"功能支持杜比 AC3,让影片配乐更精准、更立体。该软件简单易用、功能丰富,在国内的普及度较高。

3. EDIUS

　　在荷兰阿姆斯特丹举行的 IBC(广播电视设备展)2010 展会上,EDIUS 6 非线性编辑软件被评为最具创新和智能的产品之一。EDIUS 非线性编辑软件专为广播和后期制作环境而设计,特别为广电用户、独立制作人和专业用户优化工作流程,同时提高速度,支持更多格式,提高系统运行效率。EDIUS 拥有完善的基于文件工作流程提供实时、多轨道、多格式混编、合成、色键、字幕和时间线输出功能。帮助用户将精力集中在编辑和创作上,不用担心技术问题。EDIUS 因其迅捷、易用和稳定性为专业制作者和电视人广泛使用,是混合格式编辑的绝佳选择。

4. Windows Movie Marker

Movie Maker 是 Windows 系统自带的视频制作工具,功能比较简单,简单易学,只要将镜头片段拖入,就可以组合镜头、声音,加入镜头切换的特效,适合家庭摄像后的一些小规模的处理。通过 Windows Movie Maker Live(影音制作),可以简单明了地将一堆家庭视频和照片转变为感人的家庭电影、音频剪辑或商业广告。

5. Adobe Audition

Adobe Audition 原名为 Cool Edit Pro,是一个专业的音频编辑软件。2003 年,Adobe 公司收购了 Syntrillium 公司的全部产品,并在自己公司的 Premiere、After Effects、Encore DVD 等其他与影视相关的软件中融入 Cool Edit Pro 的音频技术。Audition 能够提供先进的音频混合、编辑、控制和效果处理功能,可混合 128 个声道,编辑单个音频文件,创建回路并可使用 45 种以上的数字信号处理效果。它像一个完善的多声道录音室,能够提供灵活的工作流程并且使用简便。目前,Adobe Audition 的最新版本是 Adobe Audition CC 2014(7.0),CC 系列将不再支持 XP 系统,对计算机硬件的配置要求较高。

6. Audacity

Audacity 是一款免费的音频处理软件,在 linux 下发展起来,遵循 GNU 协议。它是一个跨平台的声音编辑软件,用于录音和编辑音频。它是自由的、开放源代码的软件,可在 Mac OS X、Microsoft Windows、GNU/Linux 和其他操作系统上运行。因为其有着"傻瓜"式的操作界面和专业的音频处理效果,很受欢迎。但是,Audacity 并不支持微软的 WMA 格式。

案例 1　百年光影——一般的音视频编辑流程

案例描述

以"百年光影"为主题,经过脚本设计、素材收集、新建项目、导入素材并管理、编辑素材、添加转场、添加特效、制作字幕、处理音频,最终渲染输出为最后的影片,如图 1-8 所示。

案例解析

在本案例中,需要完成以下操作:
- 新建项目并导入素材。
- 将素材拖动到时间线上进行编辑。
- 为影片添加转场和特效。
- 制作字幕。
- 添加并编辑背景音乐。
- 渲染输出为最终影片。

(a) 镜头1

(b) 镜头2

(c) 镜头3

(d) 镜头4

图 1-8　"百年光影"影片片段图

✎ **操作步骤**

1. 制定脚本和收集素材

根据主题"百年光影"撰写脚本，确定体现主题的几个分镜头：劳工之爱情、祝福、红高粱、我和我的祖国。然后，根据脚本内容将素材收集齐备，保存到计算机指定的文件夹中，如图 1-9 所示。

案例 1　百年光影

music

红高粱

劳工

祝福

祖国

图 1-9　影片所用素材

2. 新建项目

(1) 双击桌面上的图标 ，启动 Premiere Pro CS6，在欢迎界面中单击"新建项目"图标。

(2) 在"新建项目"对话框中设置项目的名称和路径，如图 1-10 所示。

(3) 单击"确定"按钮，出现"新建序列"对话框，如图 1-11 所示。在"有效预设"中选择"DV-PAL"下的"标准 48kHz"，确定序列名称，单击"确定"按钮即可创建项目。

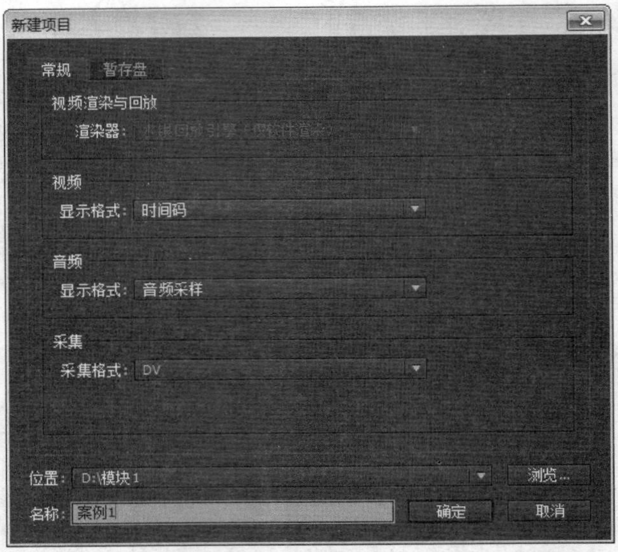

图 1-10　"新建项目"对话框

图 1-11　"新建序列"对话框

3. 导入素材

（1）执行"文件→导入"命令或者在"项目"面板中双击，打开"导入"对话框，选择"案例1素材"文件夹中的素材，单击"打开"，将其导入"项目"面板中备用。

（2）预览素材。双击"项目"面板中的素材，即可在源监视器面板中打开素材，单击源监视器面板中的"播放—停止切换"按钮，即可预览素材，如图1-12所示。

图 1-12　Premiere Pro CS6 的主界面

4. 编辑素材

（1）单击并拖动项目面板中的"劳工"素材，将它拖动到时间线面板的"视频1"轨道上。如果弹出"素材不匹配"警告框，选择"更改序列设置"。

（2）在时间线面板的时间码处输入"00:00:20:00"，将时间线移到第20秒处。使用"剃刀"工具在此处单击，如图1-13所示，将这段视频裁成两段。右击后一段，在弹出的菜单中选择"清除"命令。

图 1-13　裁剪素材

（3）将"视频"素材拖动到时间线面板的"视频1"轨道上，将其组接到"劳工"素材的后面。在时间线面板的时间码处输入"00:00:34:00"，将时间线移到第34秒处。使用"剃刀"工具在此处单击，将这段素材裁成两段。右击前一段，在弹出的菜单中选择"波纹

删除"命令。

　　(4)将"红高粱"素材拖动到时间线面板的"视频1"轨道上,将其组接到"祝福"素材的后面。在时间线面板的时间码处输入"00:01:17:00",将时间线移到第17秒处。使用"剃刀"工具　在此处单击,将这段素材裁成两段。右击后一段,在弹出的菜单中选择"清除"或"波纹删除"命令。

　　(5)将"祖国"素材拖动到时间线面板的"视频1"轨道上,将其组接到"红高粱"素材的后面。在时间线面板的时间码处输入"00:03:00:00",将时间线移到第3分处。使用"剃刀"工具　在此处单击,再在3分26秒处,用剃刀工具单击,将这段素材裁成三段。选中第1段和第3段,选择"波纹删除"命令进行删除。

　　(6)单击"选择工具"按钮　或按V键切换到选择工具,在时间线面板中右击"劳工"素材,在弹出的快捷键中选择"解除视音频链接"。这时,单击"音频1轨道"上"劳工"的背景音,只有音频被选中,单击Delete键删除。用同样的方法,去掉"祝福""红高粱""祖国"素材的背景音,效果如图1-14所示。

　　(5)将"祖国"素材拖动到时间线面板的"视频1"轨道上,将其组接到"红高粱"素材的后面。在时间线面板的时间码处输入"00:03:00:00",将时间线移到第3分处。使用"剃刀"工具　在此处单击,将这段素材裁成两段。右键单击前一段,在弹出的菜单中选择"波纹删除"命令。

　　(6)单击"选择工具"按钮　或按V键切换到选择工具,在时间线面板中右击"水"素材,在弹出的快捷键中选择"解除视音频链接"。这时,单击"音频1轨道"上"水"的背景音,只有音频被选中,单击Delete键删除。用同样的方法,去掉"树""草""花"素材的背景音,效果如图1-14所示。

图1-14　编辑素材后的效果

5．添加转场

　　(1)执行"窗口→效果"命令,打开"效果"面板,单击"视频切换"文件夹前的三角形按钮,将其展开,如图1-15所示。

　　(2)单击"叠化"文件夹前的三角形按钮,将其展开,选择"抖动溶解",将此效果拖动到时间线面板"视频1轨道"中"劳工"与"祝福"之间。用同样的方法,将"胶片溶解"拖动到"树"与"草"之间,将"交叉叠化"拖动到"草"与"祖国"之间。

图1-15　"视频切换"效果面板

（3）单击"缩放"文件夹前的三角形按钮，将其展开，选择"缩放框"，将此效果拖动到时间线面板"视频 1"轨道中"祖国"的后面，时间线上的最终效果如图 1-16 所示。

图 1-16 添加转场后的"视频 1"轨道

6. 添加特效

（1）在"效果"面板中单击"视频特效"文件夹前的三角形按钮，将其展开，如图 1-17 所示。

（2）单击"色彩校正"文件夹前的三角形按钮，将其展开，选择"色彩平衡"，将此特效拖动到时间线面板的"祝福"素材上。

（3）执行"窗口→特效控制台"命令，打开"特效控制台"面板，在特效控制台面板中单击"色彩平衡"前面的三角形按钮，将其展开，可以设置其中的参数，让画面更鲜艳 。在节目监视器面板中可以预览添加的特效。

7. 制作字幕

（1）执行"文件→新建→字幕"命令，打开"新建字幕"对话框，保持默认视频大小，输入字幕名称"劳工之爱情 "，如图 1-18 所示，单击"确定"按钮。

图 1-17 "视频特效"效果面板

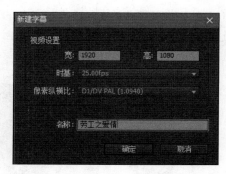

图 1-18 "新建字幕"对话框

（2）在打开的字幕对话框中，在文字输入区单击鼠标，输入文字内容"现存最早的中国故事片《劳工之爱情》"，设置文字字体为"黑体"，字号为"60"，颜色为白色。关闭字幕对话框，即可在项目面板中生成新建的字幕对象。

（3）将字幕拖动到时间线面板的"视频 2"轨道上，选择字幕，执行"素材→素材速度/持续时间"命令，打开"素材速度/持续时间"对话框，在"持续时间"文本框中将素材的持续时间改为 20 秒，如图 1-19 所示。

（4）用同样的方法，为第 2 段视频添加字幕，名称为"祝福"，文字内容为"新中国第一部彩色故事片"，字体为"黑体"，字号为"60"，颜色为白色，持续时间为 33 秒。添加字幕后的时间线面板如图 1-20 所示。

图 1-19　"素材速度/持续时间"对话框　　　　图 1-20　添加关键帧

8. 处理音频

（1）选择项目面板中的音频文件"music"，将其拖动到时间线面板的"音频 1"轨道上。

（2）选择时间线面板上的音频文件，将时间线移到影片的结尾处，使用"剃刀"工具 在此处单击，将这段素材裁成两段。右击后一段，在弹出的菜单中选择"清除"或"波纹删除"命令。

（3）在"效果"面板中，单击"音频过渡"文件夹前面的三角形按钮将其展开，然后展开"交叉渐隐"文件夹，选择"指数型淡入淡出"，将其特效拖动到时间线面板"music"素材的结尾处。

9. 保存并渲染输出

（1）执行"文件→存储"命令，将项目文件保存。

（2）选择时间线面板，执行"文件→导出→媒体"命令，打开"导出设置"对话框，如图 1-21 所示，在"格式"下拉列表中选择输出影片的格式。单击对话框中"输出名称"选项右方的链接文字，在打开的"另存为"对话框中设置输出视频的保存位置和名称。最后，单击"导出"按钮。

图 1-21　"导出设置"对话框

流 程 图

本案例的操作流程如图 1-22 所示。

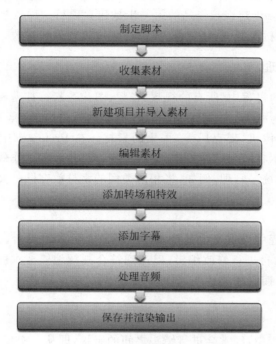

制定脚本

收集素材

新建项目并导入素材

编辑素材

添加转场和特效

添加字幕

处理音频

保存并渲染输出

图 1-22 一般音视频编辑流程图

1.3 音视频编辑的基本流程

一个视频作品的完成,需要做很多工作。使用不同的视频处理软件进行编辑时,操作步骤与方式会有差异,但大致流程差别不大。下面,以 Premiere 软件为例,介绍音视频编辑的一般流程。

1. 制定脚本

脚本,就是平时所说的"剧本",是影片的创作构思,是影视作品的灵魂所在。当有灵感的时候,应该马上把它描述出来,尽量做好详细的细节描述。这样,可以作为在 Premiere 中进行编辑的参考指导。

2. 收集素材

可以使用已有素材库中的素材,也可以用摄像机进行拍摄后再采集或传输到自己的计算机中。Premiere 经常使用的素材有:自己拍摄或从素材库中获取的 AVI 或 MOV 格式的文件、WAV 或 MP3 格式的音频数据文件、无伴音的 FLC 或 FLI 格式文件、FLM 格式的文件、各种格式的静态图像、由 Premiere 制作的字幕文件。

3. 建立项目

构思是一部影片的灵魂,素材是组成它的各个部分,Premiere 则将其组合,形成最终的影片。使用 Premiere 创建视频作品的第一步是建立项目。项目是工作文件,不仅能创建作品,还可以管理素材资源、创建字幕、添加视频过渡效果和特效。

4. 导入素材并管理

在进行影片编辑的过程中,所有的视频、音频、图片等素材都需要导入软件中,才能进行编辑。素材可以分为两类:一类是利用软件创作的素材(如字幕素材);一类是通过计算机从其他设备(如摄像机、麦克风等)采集的素材。在 Premiere 中导入素材后,所有素材都会杂乱地直接显示在"项目"面板中,很难查找、使用,影响工作效率。因此,在导入素材后,需要对素材进行统一管理,例如,将相同类型的素材放在同一文件夹内。

5. 编辑素材

这是视频编辑过程中最重要也是最基本的环节。导入素材后,需要将素材移动到时间线面板中,才能对素材进行修改编辑,以达到符合视频编辑要求的效果。比如,对素材进行复制、移动、修剪、控制播放速度、时间长度等。

6. 添加转场

在视频编辑的过程中,经常会进行镜头之间的组接,即从一个场景到另一个场景。在这种情况下,为了使镜头之间过渡自然、顺畅,影片的视觉连续性强,需要在两个相邻的镜头之间添加转场。Premiere 提供了多种转场效果和样式,可以在不同类型的影片中、不同情况下选择合适的转场效果。

7. 添加特效

使用特效可以使枯燥乏味的画面变得生动有趣,可以弥补拍摄过程中造成的画面缺陷,可以实现拍摄过程中无法实现的场景,让影片变得更为精彩。在影片制作过程中,一些高难度的动作或灾难镜头,都可以通过特效实现,从而减少演员的身体损伤或降低影片的制作成本。

8. 添加字幕

字幕是影视作品的重要组成部分,主要是向观众传达视频画面无法表达或难于表现的影视内容,以便观众更好地理解作品内容。字幕的来源有两种:如果有文字素材,可以将其导入项目面板;如果没有文字素材,需要利用软件创建字幕。Premiere 提供一个与音视频编辑区域完全隔离的字幕工作区,可以在此专注于字幕的创建。

9. 处理音频

说话声、动物的叫声、音乐、流水声、噪声等,凡是能够听到的声音都是音频。在影视作品中,音频编辑是非常重要的环节。音频编辑类似视频编辑,不仅能进行剪切、组接等操作,也可以设置转场与特效。

10. 渲染输出

将影片编辑完成之后,就可以将项目文件输出为视频,方便观众欣赏。在输出之前,先预览影片效果,保存好项目文件。在输出时,可以根据实际情况选择输出的视频格式及相应参数。在 Premiere 中,可以将项目导出为 AVI、MPEG、Quick Time 等格式。

1.4　音视频编辑的相关术语

1. 景别

景别是指由于摄影机与被摄体的距离不同,造成被摄体在画面中所呈现出的范围大小的区别。景别一般分为:特写(人体肩部以上)、近景(人体胸部以上)、中景(人体膝部以上)、全景(人体的全部和周围背景)、远景(被摄体所处环境),如图 1-23 所示。在影片中,交替使用各种不同的景别,可以增强影片的艺术感染力。

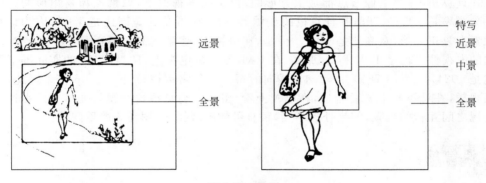

图 1-23　景别

2. 非线性编辑

非线性编辑是相对于以时间顺序进行线性编辑而言的。传统的线性编辑是按照信息记录顺序,从磁带中重放视频数据进行编辑,需要较多的外部设备,如放像机、录像机、特技发生器、字幕机,工作流程十分复杂。而非线性编辑借助计算机进行数字化制作,几乎所有的工作都用计算机完成,不再需要那么多的外部设备,对素材的调用也是瞬间实现,可以按各种顺序排列,具有快捷简便、随机的特性。现在,绝大多数的电视电影制作机构都采用非线性编辑系统。

3. 电视制式

电视信号可以理解为用来实现电视图像或声音信号所采用的一种技术标准。目前,世界上主要使用的电视广播制式有 PAL、NTSC、SECAM 三种。中国大部分地区使用

PAL 制式,日本、韩国及东南亚地区与美国等欧美国家使用 NTSC 制式,俄罗斯则使用 SECAM 制式。制式的区分主要在于其帧频(场频)的不同、分解率的不同、信号带宽以及载频的不同、色彩空间的转换关系不同等。

4. 帧与帧速率

帧是视频画面中每一幅静态图像。帧速率是每秒钟播放的帧数,它的大小决定视频播放的平滑程度。帧速率越高,视频播放就越流畅,效果就越逼真。一般在制作、压制用于计算机上的视频时(各种 ACG 的 MAD、PV 等),无论选择什么样的帧率,都可以正常播放,一般选择 30fps 比较合适。但是,在压制用于在电视上播放的 DVD 时,必须遵从严格的标准,否则无法在电视上播放,PAL 制式的帧率为 25fps,NTSC 为 29.97fps。

5. 分辨率

不管是电视屏幕还是计算机屏幕,都是由一个个的像素点组成的。"横向的像素点数量×纵向的像素点数量"就是屏幕的分辨率。

6. 屏幕宽高比和像素宽高比

在计算机上,每个像素点都是正方形的,但是在电视机上,像素点却是矩形的。如果屏幕分辨率是 1024×768,在计算机的显示器下,这个屏幕的宽高比是 4∶3,因为计算机的像素点是正方形,宽高比是 1∶1。但是,在电视上,像素宽高比不再是 1∶1,比如 PAL 制式的电视像素比是 1.06∶1。那么,在 PAL 制式的电视上,1024×768 的实际屏幕宽高比就是 1024×1.06∶768×1≈1.41,横向的每一个像素都被拉升了 1.06 倍。因此,同样一段视频,在计算机上看着合适,在电视上看,可能就会觉得这个视频变形了。在计算机和电视之间互转的视频,如果处理不当,很有可能出现拉丝、锯齿等严重问题。

课堂练习

1. 请列举音视频编辑的常用软件。
2. 请说明音视频编辑的基本流程。
3. 景别一般分为:_____、_____、_____、_____、_____。
4. 非线性编辑与线性编辑的区别是什么?
5. 中国大部分地区使用_____电视制式,日本、韩国及东南亚地区与美国等欧美国家使用_____制式,俄罗斯则使用_____制式。制式的区分主要在于_____。
6. 帧是_____。帧速率是_____,它的大小决定_____。
7. _____是屏幕的分辨率。
8. 为什么同样一段视频,在计算机上看着合适,在电视机上看,可能就会觉得这个视频变形了?

课后实战

以"我们班的有趣事"为主题,撰写一个故事片的剧本与脚本。

Premiere Pro CS6 编辑基础

2.1 认识 Premiere Pro CS6

2.1.1 安装与启动

1. Premiere Pro CS6 的安装

安装 Premiere Pro CS6 需要有 64 位操作系统,因此,对计算机的硬件有一定要求:支持 64 位的 Intel Core2 Duo 或 AMD Phenom Ⅱ处理器;Microsoft Windows 7 Service Pack 1(64 位);至少 4GB 的 RAM(建议分配 8GB);用于安装的 4GB 可用硬盘空间;安装过程中需要其他可用空间预览文件(不能安装在移动闪存存储设备上)和其他工作文件所需的其他磁盘空间(建议分配 10GB);1280×900 显示器;支持 OpenGL 2.0 的系统;7200 RPM 硬盘(建议使用多个快速磁盘驱动器,首选配置了 RAID 0 的硬盘);QuickTime 功能需要的 QuickTime 7.6.6 软件。

Premiere Pro CS6 的安装十分简单:打开 Premiere Pro CS6 的安装文件夹,双击 Setup.exe 安装文件图标,按照向导提示进行安装。

2. Premiere Pro CS6 的启动过程

安装好 Premiere Pro CS6 后,通过双击桌面上的快捷图标,或在"开始"菜单中找到并单击"Premiere Pro CS6"命令,都可启动该程序。

程序启动后,出现欢迎界面,如图 2-1 所示。默认情况下,左上角的"最近使用项目"列出最近用过的 5 个项目,单击项目名,可以快速打开相应项目进行编辑。界面的下方是三个图标按钮。

(1)"新建项目",单击该图标,可以创建一个新的项目文件进行视频编辑。

(2)"打开项目",单击该图标,可以开启一个在计算机中已有的项目文件。

(3)"帮助",单击该图标,可以开启软件的帮助系统,查阅需要的说明内容。

单击"新建项目"按钮后,打开"新建项目"对话框,如图 2-2 所示。在该对话框中,可以设置活动与字幕安全区域、视频的显示格式、音频的显示格式、采集格式、项目的存放位置和项目名称。

在"新建项目"对话框中设置好后,单击"确定"按钮,将打开"新建序列"对话框,如

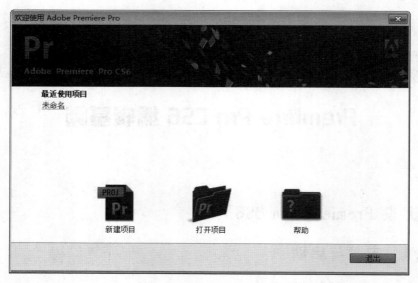

图 2-1 欢迎界面

图 2-2 "新建项目"对话框

图 2-3 所示。该对话框包括"序列预设""设置""轨道"选项卡,可以进行一些文件参数的具体设置。在对话框下方输入序列名称,单击"确定"按钮,就进入了 Premiere Pro CS6 的工作界面。

2.1.2 Premiere Pro CS6 的工作界面

启动 Premiere Pro CS6 后,默认情况下,工作界面中会有标题栏、菜单栏和几个重要的面板,如图 2-4 所示。

图 2-3　"新建序列"对话框

图 2-4　Premiere Pro CS6 工作界面

1. 监视器面板

监视器面板主要用于对影片进行预览，还可以对影片进行编辑、观察结果等。Premiere 提供了 5 种监视器面板："源"监视器、"节目"监视器、"修整"监视器、"参考"监视器和"多机位"监视器。双击"项目"面板中的素材，该素材就会在"源"监视器面板中显示。"节目"监视器面板中显示的是当前时间指示器所指位置的图像效果。

2. "特效控制台"面板

在"特效控制台"面板中，可以设置素材的位置、透明度、大小等参数，还能够为添加的特效设置关键帧。在"效果"面板中选中一种特效，将它拖动到时间线面板中的素材上或"特效控制台"面板中，就为这段素材添加了特效。同时，该特效出现在"特效控制台"面板中，可在此调整特效的各项参数，并为其添加关键帧。

3. "调音台"面板

在"调音台"面板中，能够混合不同的音轨，并可以产生交叉渐变、左右立体声声道互换等效果。

4. "项目"面板

导入的素材文件或创建的项目文件，都会显示在"项目"面板中。并且，以"图标视图"和"列表视图"两种方式显示，如图 2-5 所示。

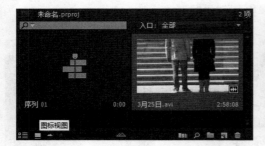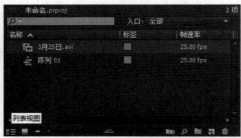

图 2-5 "项目"面板的两种不同视图显示方式

5. "效果"面板

为视音频素材添加的各种特殊效果及转场效果都存放在"效果"面板中。在该面板中，有五大类特效文件夹，分别是"预设""音频特效""音频过渡""视频特效""视频切换"，如图 2-6 所示。要使用某种特效时，单击某特效并将其拖动到时间线中的素材上即可。

6. "工具"面板

使用"工具"面板中的工具，可以在时间线面板中编辑素材。在该面板中，单击某个按

图 2-6　"效果"面板

钮即可激活某个工具。主要工具有：选择工具 、轨道选择工具 、波纹编辑工具 、滚动编辑工具 、速率伸缩工具 、剃刀工具 、错落工具 、滑动工具 、钢笔工具 、手形工具 、缩放工具 。

7. 时间线面板

时间线面板是制作视频作品的基础，由视频轨、音频轨、工具按钮和时间指示器组成。使用鼠标将"项目"面板中的素材拖动到时间线中，在此剪辑、修改，最终完成自己的作品。

2.1.3　工作界面的一些基本操作

1. 打开和关闭面板

启动 Premiere 后，一些主要面板会自动出现在工作界面，如图 2-4 所示。如果想关闭某个面板，单击面板标题右边的关闭图标 。如果想打开被关闭的面板，在"窗口"菜单中单击该面板名称，即可打开。

2. 调整面板大小

使用鼠标拖动面板之间的分隔线，可以左右拖动面板间的纵向边界，也可以上下拖动面板间的横向边界，即可改变面板大小。

3. 创建浮动面板

在面板标题处右击，或单击面板右上角的按钮 ，在弹出的下拉菜单中选择"浮动窗口"命令，即可将当前的面板组创建为浮动窗口。

4. 编组与拆分面板

单击并按住某面板左上角，拖动鼠标到目标处，当出现蓝色背景区域时，松开鼠标，即可将该面板与目标处的面板合成一组面板。同样，也可将该面板从原面板组中拆分出来。

鼠标在拖动面板时,可以停放到目标面板的顶部、底部、左侧或右侧,停放位置不同,组合效果有差异。

5.设置工作区

改变了面板的大小、位置及组合方式后,如果对当前的工作界面满意,执行"窗口→工作区→新建工作区"命令,如图 2-7 所示,在弹出的对话框中输入名称,单击"确定"按钮,如图 2-8 所示,即可保存该工作区。在命名和保存工作区之后,该工作区的名称会出现在"窗口→工作区"子菜单中,只需单击其名称,即可切换到该工作区界面。执行"窗口→工作区→重置当前工作区"命令,可以返回至初始设置。执行"窗口→工作区→删除工作区"命令,可以删除指定的工作区。此外,"窗口→工作区"菜单中还有 6 种不同类型的面板模式,可以根据当前操作和个人喜好进行选择。

图 2-7 "窗口→工作区"

图 2-8 "新建工作区"对话框

2.2 素材管理

按照素材的来源,可以把素材分为两类,一类是利用软件创建的素材;另一类是通过计算机从其他设备(如摄像机、录音机等)采集视频、音频素材。创建一部影片,需要大量素材。因此,对素材进行管理是一项非常重要的工作。在使用 Premiere 对素材进行编辑之前,最好把用到的素材全部放到计算机磁盘中。

2.2.1 新建项目

(1) 打开"新建项目"对话框,对新建项目进行设置。

(2) 设置序列预设。在"新建序列"对话框中,默认打开的是"序列预设"选项卡,在其中的"有效预设"列表中选择一个所需的预设。在"预设描述"区域中,将显示该预设的编辑模式、画面大小、帧速率、像素纵横比、位数深度设置及音频设置等。Premiere 为 NTSC 电视和 PAL 标准提供了 DV(数字视频)格式预设。如果所工作的 DV 项目中的视频不准备用于宽银幕格式(16∶9 的宽高比),可以选择"标准 48kHz"选项。该预设将声音品质指示为 48kHz,它用于匹配素材源影片的声音品质。

(3) 在"序列名称"中输入该序列的名称,单击"确定"按钮。

2.2.2　导入素材

1. 通过"文件"菜单导入素材

新建或打开一个项目后,执行"文件→导入"命令,在弹出的"导入"对话框内,选择要导入的素材,单击"打开"按钮,即可将素材导入当前的项目中。导入的所有素材都将显示在"项目"面板中。

在 Premiere 中,也可以将一个文件夹直接导入到项目中。选择"文件→导入"后,在"导入"对话框中选择要导入的文件夹,单击下方的"导入文件夹"按钮,可将该文件夹及其里面的内容导入到项目中。此时,"项目"面板内显示的是导入的素材文件夹和其中的所有素材文件。

2. 通过"项目"面板导入素材

右击"项目"面板的空白处,在弹出的菜单中执行"导入"命令,或双击"项目"面板的空白处,或按 Ctrl+I 组合键,都可以打开"导入"对话框,然后导入素材或素材文件夹。

2.2.3　素材预览

1. 在"源"监视器面板中预览

在"项目"面板中,右击要预览的素材,在弹出的下拉菜单中选择"在源监视器打开",或直接双击素材,该素材都会在"源"监视器面板中打开。

2. 在"图标视图"中预览

为便于管理素材,Premiere 提供了"列表"与"图标"两种不同的素材显示方式,默认情况下,素材采用"列表视图"的方式显示在"项目"面板中。单击"项目"面板底部的"图标视图"切换至"图标视图"模式,所有素材将以"缩略图"方式显示。单击要预览的素材,会在素材下方出现滑动条,拖动滑块,预览该素材。

3. 查看素材属性

在"项目"面板中,右击某素材,在弹出的菜单中选择"属性"命令,即可打开"属性"对话框,如图 2-9 所示,对话框中显示了该素材的基本属性。

单击"项目"面板底部的"列表视图"按钮,将显示模式设为"列表",然后将"项目"面板向右展开,如图 2-10 所示,即可在该面板中查看到该素材更为详细的信息。

2.2.4　创建素材

执行"文件→新建"命令,在弹出的菜单中选择相应命令,如图 2-11 所示,或单击"项目"面板右下角的"新建分项"按钮█,在弹出的菜单中选择相应命令,如图 2-12 所示,可以创建彩条、黑场、彩色蒙版、通用倒计时片头等素材。

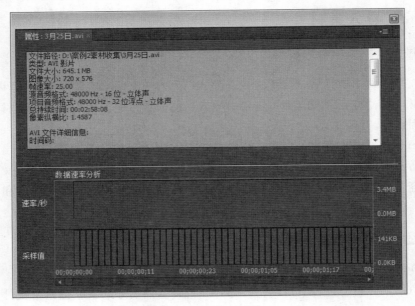

图 2-9　"属性"对话框

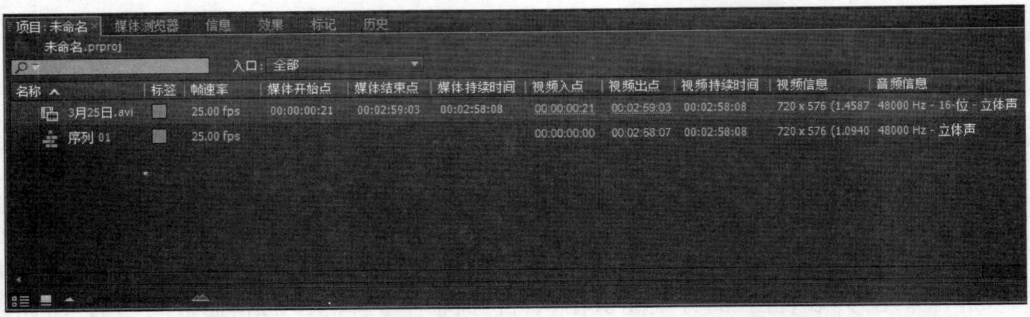

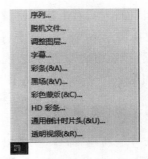

图 2-10　在"列表视图"中查看素材属性

图 2-11　"文件→新建"下拉菜单　　　图 2-12　"新建分项"按钮及弹出的菜单

1. 创建黑场

黑场通常用在两个素材或者场景之间,然后添上字幕,提示或概括下一场景即将播放的内容。

单击"项目"面板右下角的"新建分项"按钮,在弹出的菜单中选择"黑场"即可创建,创建的黑场会自动生成在"项目"面板。

2. 创建彩色蒙版

彩色蒙版可以作为背景,或者创建最终轨道之前的临时轨道占位符。创建完成的彩色蒙版,还可以进行修改。

创建和修改彩色蒙版的步骤如下。

（1）执行"文件→新建→彩色蒙版"命令后,打开"新建彩色蒙版"对话框,如图 2-13 所示,进行"宽""高""时基""像素纵横比"设置后,单击"确定"按钮。

（2）在弹出的"颜色拾取"对话框中选择遮罩颜色,如图 2-14 所示。如果对话框右上角的颜色样本旁边出现一个感叹号图标,表示选中 NTSC 色域以外的颜色,该颜色不能在 NTSC 视频中正确重现。单击感叹号图标,Premiere 会自动选择最接近的颜色。

图 2-13　"新建彩色蒙版"对话框

图 2-14　"颜色拾取"对话框

（3）选择好颜色后,单击"确定"按钮,在出现的"选择名称"对话框中输入彩色蒙版的名称,单击"确定"按钮,该彩色蒙版会自动生成在"项目"面板中。

（4）要使用彩色蒙版,只需将它从"项目"面板拖进时间线面板中的视频轨道即可。

（5）如果想修改彩色蒙版的颜色,只需双击在"项目"面板或时间线面板中的彩色蒙版,在弹出的"颜色拾取"对话框中选择新的颜色,单击"确定"按钮。不仅选中素材的颜色

会发生改变,而且轨道上所有使用该彩色蒙版的颜色都会随之改变。

3. 创建彩条

彩条通常用在镜头开场,提示观众影片即将开始。彩条的创建过程很简单,执行"文件→新建→彩条"命令后即可创建,创建的彩条会自动生成在"项目"面板,效果如图 2-15 所示。

4. 创建通用倒计时片头

倒计时片头不仅可以用在影片开始作为提示,而且风格各异的倒计时效果可以增加影片的观赏性和吸引力。

创建和修改倒计时片头的步骤如下。

(1) 单击"项目"面板右下角的"新建分项"按钮,在弹出的菜单中选择"通用倒计时片头"。

(2) 在打开的"新建通用倒计时片头"对话框中进行相应参数的设置,如图 2-16 所示,单击"确定"按钮。

图 2-15 "彩条"效果

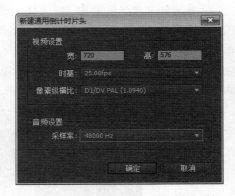

图 2-16 "新建通用倒计时片头"对话框

(3) 弹出"通用倒计时设置"对话框,如图 2-17 所示。在该对话框中,可以设置倒计时的样式,各参数设置的详细介绍如下。

- 擦除色:播放倒计时影片时,指示线不停地围绕圆心转动,指示线旋转之后的颜色就为擦除色。
- 背景色:指示线转换方向之前的颜色。
- 划线色:固定十字以及指示线的颜色。
- 目标色:固定圆形的准星颜色。
- 数字色:倒计时影片中数字的颜色。
- 出点提示标记:启用该选项后,在倒计时结束时显示标志图形。
- 倒数 2 秒提示音:启用该选项后,倒计时在显示数字 2 的时候发出声音。
- 在每秒都响提示音:启用该选项后,在每一秒开始的时候都会发出提示声音。

(4) 如果想修改倒计时的样式,只需双击"项目"面板或时间线面板中的倒计时,在弹

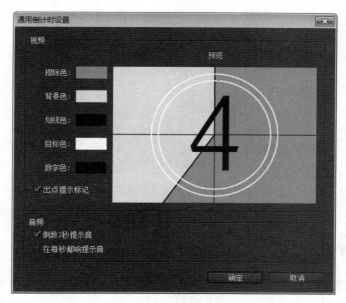

图 2-17 "通用倒计时设置"对话框

出的"通用倒计时设置"对话框中重新设置，单击"确定"按钮。

2.2.5 科学管理

1. 分类管理

使用"项目"面板的文件夹管理功能，可以将同类的素材文件放入一个文件夹，从而有条理地管理各类素材文件。具体操作步骤如下。

（1）在"项目"面板中导入需要的素材文件。

（2）单击"项目"面板下方的"新建文件夹"按钮，创建一个新的文件夹。

（3）在文件夹名称上单击，对该文件夹进行重命名。

（4）在"项目"面板中选择需要的素材，将它们拖动到文件夹图标上，即可将其移动到对应文件夹内部，如图 2-18 所示。

（5）选择某个文件夹，再单击"新建文件夹"按钮，即可在该文件夹中创建一个子文件夹，从而对该文件夹中的素材内容进行更详细的分类管理。

（6）双击一个文件夹图标，可以进入其单独的文件夹窗口，查看该文件夹中的所有内容，如图 2-19 所示。

（7）可以在导入素材之前，预先创建多个文件夹，然后将需要的素材文件直接导入指定的文件夹中，从而快速完成对素

图 2-18 使用文件夹进行分类管理

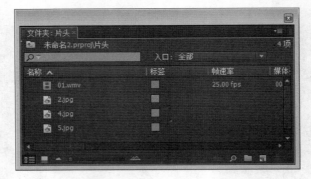

图 2-19 单独的文件夹窗口

材的分类管理。

2. 项目管理

执行"项目→项目管理"命令，打开"项目管理"对话框，如图 2-20 所示。通过该对话框，可以删除未使用文件以及入点前和出点后的额外帧，创建新的工作修整版本节省磁盘空间，删除无关素材从而减小项目文件的大小。

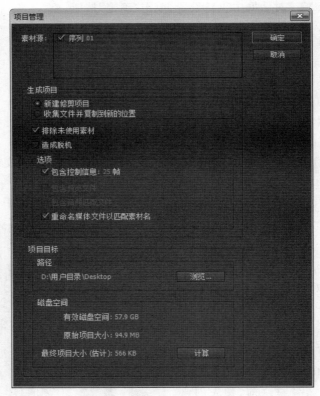

图 2-20 "项目管理"对话框

3. 查找素材

编辑生成一部好影片,会用到大量的素材。因此,"项目"面板中的素材会很多。这时,通过拖曳滚动条的方式查找素材会严重影响工作进度。Premiere 提供了查找素材的功能,方法如下。

(1)通过素材名称进行查找。

将"项目"面板的素材显示方式设为"列表视图",然后在"项目"面板的搜索框内输入所查素材的部分或全部名称。此时,所有名称中包含所输关键字的素材都将显示在"项目"面板内。查找素材后,单击搜索框内的"关闭"按钮,或者清除搜索框中的文字,即可在"项目"面板内重新显示所有素材。

(2)通过素材其他信息进行查找。

如果忘记素材名称,可以通过场景、磁带信息、标签内容等其他信息进行查找。首先,单击"项目"面板下方的"查找"按钮 ,弹出"查找"对话框,如图 2-21 所示。在"列"和"操作"栏内设置查找条件,在"查找目标"栏中输入关键字,单击"查找"按钮,即可看到查找结果。

图 2-21　"查找"对话框

案例 2　朋友——基础编辑技术的运用

案例描述

这是一个以校园生活为背景,以"友情"为主题的短片制作。经过新建项目、素材导入、添加素材、修剪素材、复制素材、音视频链接的设置、调整素材播放速度,形成最终效果,如图 2-22 所示。在短片制作过程中,感恩朋友的付出,树立正确交友观。

案例解析

在本案例中,需要完成以下操作:

- 新建项目并导入素材。
- 将素材添加到时间线上。
- 剪切素材。
- 复制素材。

案例 2　朋友

(a) 镜头1   (b) 镜头2

(c) 镜头3   (d) 镜头4

图 2-22 "朋友"影片片段图

- 调整素材播放速度。
- 音、视频的分离与组合。

操作步骤

1. 新建项目

（1）双击桌面上的图标 **Pr**，启动 Premiere Pro CS6，在欢迎界面中单击"新建项目"图标。

（2）在"新建项目"对话框中设置保存位置并命名为"朋友"。

（3）单击"确定"按钮，出现"新建序列"对话框。在"有效预设"中执行"DV-PAL"下的"标准 48kHz"，确定序列名称，单击"确定"按钮。

2. 导入素材并添加素材到时间线中

（1）导入素材。执行"文件→导入"命令或者在"项目"面板中双击，打开"导入"对话框，选择素材文件夹"案例 2 素材"，单击"导入文件夹"，将其导入到"项目"面板中。

（2）添加素材。单击"项目"面板中"案例 2 素材"前面的小三角，将其展开。依次选中视频素材"体育课上""鼓励""训练"，将其拖动到时间线面板的"视频 1"轨道中，如图 2-23 所示。

图 2-23 "视频 1"轨道中的素材

3. 剪切素材

（1）在"节目"监视器面板中依次预览 3 段素材。

（2）剪切素材。在时间线面板的时间码处输入"00：00：06：15"，将时间线移到第 6 秒 15 帧处。使用"剃刀"工具 在此处单击，将这段视频裁成两段，如图 2-24 所示。右键单击后一段，在弹出的菜单中选择"波纹删除"命令，这段素材被删除。并且，后面的素材顺序移到前面，不留空白。

图 2-24　裁剪素材

（3）用同样的方法剪切素材中其他不合适的地方。用剃刀工具在"视频 1"轨道的第 7 秒 19 帧处单击，并波纹删除"鼓励"素材的第 1 段。

接着，用剃刀工具在第 12 秒 03 帧和第 24 秒 27 帧处单击，并波纹删除"训练"素材的第 1 段和第 3 段。之后，用剃刀工具在第 25 秒 03 帧和第 31 秒 01 帧处单击，并波纹删除"达标"素材的第 1 段和第 3 段。全部剪切后的"视频 1"轨道如图 2-25 所示。

图 2-25　剪切素材后的"视频 1"轨道

4. 复制素材

为了突出训练效果，视频中的主角最后能够做很多个引体向上。这样的效果可以通过复制素材来实现。

（1）在时间线面板上，选择素材"达标"，右击，选择"复制"。

（2）将时间线指针定位到结尾处，执行"编辑→粘贴"命令。重复执行"粘贴"命令 3 次，复制出 4 段"达标"素材，如图 2-26 所示。

注意：如果时间线指针在某段素材的开头或中间，执行"粘贴"命令后，会覆盖从指针位置往后的内容。因此，如果时间线指针正好在"达标"素材开始处，执行完"复制"命令后，用"粘贴插入"命令实现复制。

图 2-26　复制"达标"后的效果

5. 插入素材

朋友总是在自己取得进步时，给予肯定与支持。因此，在"训练"素材后插入"喝彩"。

（1）将时间线指针定位到"训练"之后（"达标"的前面），选中"项目"面板中的素材"喝彩"，执行菜单命令"素材→插入"，就在短片中间插入了素材"喝彩"。

（2）用剃刀工具在第 25 秒 15 帧和第 28 秒 03 帧处单击，并波纹删除"喝彩"素材的第 1 段和第 3 段。

6. 调整素材的播放时间

为了使训练前后的对比更明显，可以设计为：训练前，动作缓慢迟钝；训练后，动作敏捷迅速。这样的效果，可以通过调整素材的播放时间来实现。

（1）选择第一段"体育课上"素材，执行"素材→速度/持续时间"命令，打开"素材速度/持续时间"对话框，设置速度为"50％"，勾选"波纹编辑，移动后面的素材"，如图 2-27 所示，单击"确定"按钮。

图 2-27 "素材速度/持续时间"对话框

（2）用同样的方法，依次选中后面的几段"达标"素材，将速度设置为"200％"，勾选"波纹编辑，移动后面的素材"，实现训练后的提速效果。全部设置完后，时间线面板如图 2-28 所示。

图 2-28 设置完"速度"后的时间线面板

7. 解除视音频链接并删除背景音

在"节目"监视器面板预览时，声音很嘈杂。当选中并删除"音频 1"中的某段背景音时，其对应的视频也被删除了。因此，在删除之前，要解除音视频链接。

（1）依次选中"视频 1"轨道上的"体育课上""达标"，其对应的音频也被选中。右击，执行"解除视音频链接"命令。

（2）选中"音频 1"轨道上的音频"体育课上""达标"，按 Delete 键删除。

8. 添加背景音并保存

（1）在"音频 2"轨道上添加配音。在 0 秒 0 帧处添加"配音 1.wav"，在 18 秒 1 帧处添加"配音 2.wav"，在 33 秒 12 帧处添加"配音 3.wav"。

（2）执行"文件→存储"命令，将项目文件保存。最后的时间线面积如图 2-29 所示。

图 2-29 最终的时间线面板

流 程 图

本案例的操作流程如图 2-30 所示。

| 新建项目 |
| 导入素材并添加到时间线 |
| 剪切素材 |
| 复制素材 |
| 插入素材 |
| 调整素材播放速度 |
| 解除视音频链接 |
| 添加新的背景音 |
| 保存 |

图 2-30　基础编辑技术运用流程图

2.3　基础编辑技术

2.3.1　创建序列

在新建项目的过程中,Premiere 会自动创建一个序列。可以把序列理解为放置在时间线中装配好的影片。可以将一些小序列组合成一个大序列,也可以将某个序列中的影片复制到另一个序列中。每个项目中需要有多个序列,每个序列完成一个影片片段的编辑。因此,在新建项目后,还需要创建序列并在序列中进行影片的编辑。

创建序列除前面提及的方法外,还可以执行"文件→新建→序列"命令,打开"新建序列"对话框,在"序列预设"选项卡中命名序列,在"轨道"选项卡中设置轨道数等其他项目后,单击"确定"按钮,即可创建新序列并将其添加到了当前选定的时间线面板中。

如果想将一个序列显示为一个独立的窗口,单击该序列的选项卡,按下 Ctrl 键的同时,将其拖离时间线面板后释放即可。

在建立了很多序列的情况下,如果想切换到某个序列,执行"窗口→时间线"命令,在展开的子菜单中列出了所有序列名,单击某序列名,即可打开。

2.3.2　添加素材

在时间线上添加素材的方法很多,最方便快捷的方法是在"项目"面板中选择要添加的素材(可以是一个,也可以是多个),直接拖曳到时间线面板的某一轨道中,即可将所选素材添加至相应轨道。

此外,还可以在"项目"面板内选择素材后,执行"素材→插入"命令或右击该素材,在弹出的菜单内执行"插入"命令,即可在时间线相应轨道的当前时间处插入素材。

2.3.3　轨道操作

1. 认识视音频轨道

时间线面板的重要组成部分是视频和音频轨道。在轨道中,可视化地显示出视音频素材、转场和特效,视音频轨道的组成如图 2-31 所示。

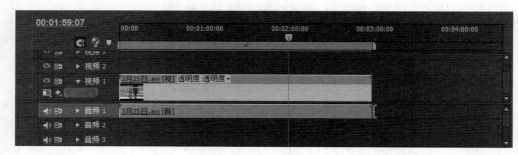

图 2-31　视音频轨道

(1)"吸附"按钮 。

单击该按钮,或按下 S 键,"吸附"按钮显示为被按下的状态时,打开了吸附功能。此时,单击轨道中的一个素材并向另一相邻素材拖动时,它们会自动吸附在一起。这种磁铁似的效果可以确保作品中没有时间间隙。

(2)"设置 Encore 章节标记"按钮 。

如果使用 Encore DVD 创建 DVD 项目,可以为章节点设置一个 Encore 章节标记。在将电影胶片导入 Encore DVD 时,这些章节点会出现。将时间指示器拖至想要出现标记的帧处,单击该按钮即可添加章节标记。

(3)添加标记按钮 。

将当前时间指示器拖动到想要设置标记的地方,单击该按钮或按下 M 键,就在该处添加了序列标记。使用序列标记,可以设置想要快速跳至的时间线上的点。序列标记有助于在编辑时将时间线中的工作分解。当将项目导出到 Encore DVD 时,还可以将标记用作章节标题。

(4)目标轨道。

单击某轨道的最左侧区域,变为浅灰色时,即把该轨道设为了目标轨道。当使用监视器或菜单命令对时间线上的素材进行剪辑时,处理的就是目标轨道中的素材。

（5）切换轨道输出 。

单击"切换轨道输出"图标 ，可以打开或关闭轨道输出。轨道输出呈现打开状态时（有眼睛），播放或导出时可以在"节目"监视器面板中查看到当前轨道中的内容。关闭时（没有眼睛），则不显示当前轨道中的内容。

（6）轨道锁定开关。

单击"轨道锁定开关"图标 ，此图标出现锁定标记 ，表示该轨道被锁定，不能被编辑。再次单击该图标，锁定标记消失，即对该轨道解锁。当编辑好某轨道中的素材后，可以锁定轨道，从而防止在编辑其他轨道时出现误操作。

（7）设置显示样式 。

单击该按钮，会弹出下拉菜单，如图 2-32 所示，可以改变轨道中素材的显示方式。

- 显示头和尾：显示素材的第一帧图像和最后一帧图像。
- 仅显示头部：显示素材的第一帧图像。
- 显示帧：显示素材的全部帧。
- 仅显示名称：只显示素材的名称。

（8）显示关键帧 。

为素材添加关键帧之后，单击"显示关键帧"按钮，如图 2-33 所示，设置关键帧的显示方式。

- 显示关键帧：显示关键帧控制线，方便添加关键帧。
- 显示透明度控制：显示透明控制线，方便调节素材的透明度。
- 隐藏关键帧：隐藏关键帧控制线。"显示关键帧"和"显示透明度控制"选项都会被隐藏。

图 2-32　"设置显示样式"下拉菜单

图 2-33　"显示关键帧"下拉菜单

（9）添加、删除、定位关键帧。

在轨道上选择需要添加关键帧的素材，移动时间线指针到需要添加关键帧的位置，单击 中心的"添加—移除关键帧"按钮 ，即在此处添加了关键帧，此按钮也变为了实心按钮 。同样，在有关键帧的地方，单击"添加—移除关键帧"按钮 ，实心变为空心，此处的关键帧被删除。当有很多关键帧时，可以使用"转到前一关键帧"按钮 和"转到下一关键帧"按钮 定位关键帧。

（10）设置关键帧调节线线型。

右击时间线上的关键帧，在弹出的菜单中，如图 2-34 所示，可以选择关键帧调节线线条的类型。

图 2-34　"设置关键帧调节线线型"下拉菜单

2. 轨道的相关操作

（1）重命名轨道。

在时间线面板中，右击轨道后，执行"重命名"命令，进入轨道名称编辑状态，输入新的轨道名称后，按 Enter 键即可为相应轨道设置新名称。

（2）添加轨道。

在时间线面板内右击轨道，执行"添加轨道"命令，打开"添加视音轨"对话框，如图 2-35 所示。在"视频轨"选项组中可以添加视频轨道的数量，"放置"选项用于设置新增视频轨道的位置。使用相同方法在"音频轨"和"音频子混合轨"选项组进行设置后，即可在时间线面板内添加新的音频轨道。

（3）删除轨道。

通过删除空白轨道，可以降低项目文件的复杂程度，从而在输出影片时提高渲染速度。右击轨道，执行"删除轨道"命令，在弹出的"删除轨道"对话框中，如图 2-36 所示，启用"视频轨"选项组内的"删除视频轨"复选框。然后，在该复选框下方的下拉列表内选择所要删除的轨道即可。

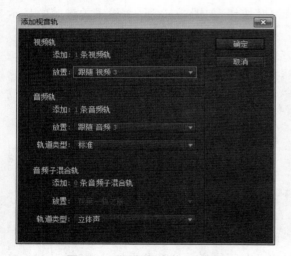

图 2-35 "添加视音轨"对话框

图 2-36 "删除轨道"对话框

2.3.4 素材的简单编辑

1. 复制素材

先使用"选择工具"选择需要复制的素材片段，执行"编辑→复制"命令。然后，将当前时间指示器移至目标位置。如果执行"编辑→粘贴"命令，新素材会以当前位置为起点，并根据素材长度的不同，延伸至相应位置。在该过程中，新素材会覆盖其长度范围内的所有其他素材。如果执行"编辑→粘贴插入"命令，新素材会在当前位置被插入放置，原有素材被新素材分为两段。

2. 移动素材

当需要调整时间线中素材的位置时,可以使用"选择工具"选择素材并拖动到目标位置。在移动素材的过程中,要避免相邻素材之间相互覆盖或出现间隙的情况。

3. 修剪素材

在制作影片时,很多时候只需使用素材中的某个片段。因此,经常需要对源素材进行裁切,删除多余素材片段。

在时间线面板上,拖动时间标尺上的时间指示器,将其移至需要裁切的位置。然后,选择"剃刀"工具,在当前时间指示器的位置处单击,即可将素材裁切为两部分。使用"选择工具"单击不用的素材片段,按 Delete 键将其删除。

2.3.5　音视频的分离、组合

当源素材中同时包括视频和音频时,对这段素材进行复制、移动和删除等操作时,将同时作用于素材的音频和视频两部分。如果需要单独处理视频或音频,或者将视频配上其他背景音乐或音频,则要将音、视频进行分离与组合。

在时间线面板内选择素材,右击或打开"素材"菜单,执行其中的"解除视音频链接"命令,将音、视频分离。这时,在视频轨道内操作素材时,不会影响音频轨道内的素材。

同样,在时间线面板内选择要组合的视频和音频素材,右击并选择"链接视频和音频"命令。此时,对其中任意一个素材进行操作,将同时作用于另一素材。

2.3.6　调整素材的播放时间

1. 图片素材播放时间的调整

将鼠标指针置于时间线上图片素材的末端,光标变为"双向箭头"时向右拖动鼠标,可随意延长其播放时间。向左拖动鼠标,则可缩短图片的播放时间。

2. 视频素材播放时间/速度的调整

用鼠标向右拖动的方法,不能延长视频素材的播放时间。并且,向左拖动鼠标时,由于在缩短播放时间时,播放速度并未发生变化,因此造成的后果便是素材内容的减少。

如果不想减少画面内容,可以通过更改播放速度的方法来实现播放时间的调整。在时间线面板内右击视频素材,选择"素材速度/持续时间"选项,弹出"素材速度/持续时间"对话框。

在保持"速度"与"持续时间"链接 🔳 的前提下,调整"速度"的数值,持续时间会发生相应的变化:速度增大,持续时间相应减少;速度降低,持续时间相应增大。单击右侧的链接按钮 🔳 ,变为打开状态 🔳 ,链接被解除。这时,调整"速度"或"持续时间"的数值,不会对另一项产生影响。

选中"倒放速度"复选框后,会颠倒视频的播放顺序,使其从末尾向前进行倒序播放。选中"保持音调不变"复选框后,当改变素材的播放速度后,音频的播放能保持原有的音调。选中"波纹编辑,移动后面的素材"复选框后,当改变持续时间后,在时间线上相邻的后面素材会跟随改变其位置。

案例3 约见——进阶编辑技术的运用

案例描述

以"约见"为主题,对一段杂乱无章的拍摄素材进行处理,经过新建项目、素材导入、设置入出点、插入素材、覆盖素材、提升素材、解除音视频链接、使用标记对齐音视频素材,形成最终效果,如图 2-37 所示。在这个过程中,了解见面的基本礼仪,做一个文明有礼的人。

(a) 镜头1　　　　　　　　　(b) 镜头2

(c) 镜头3　　　　　　　　　(d) 镜头4

图 2-37 "约见"影片片段图

案例解析

在本案例中,需要完成以下操作:

* 新建项目并导入素材。
* 设置入出点。
* 素材的插入与覆盖。
* 素材的提升与提取。
* 解除音视频链接。
* 使用标记对齐视音频素材。

操作步骤

1. 新建项目并导入素材

（1）双击桌面上的图标 ，启动 Premiere Pro CS6，在欢迎界面中单击"新建项目"图标。在"新建项目"对话框中设置保存位置并命名为"约见"。

案例 3　约见

（2）单击"确定"按钮，出现"新建序列"对话框。在"有效预设"中选择"DV-PAL"下的"标准 48kHz"，确定序列名称，单击"确定"按钮。

（3）导入素材。执行"文件→导入"命令或者在"项目"面板中双击，打开"导入"对话框，选择素材文件夹"案例 3 素材"，单击"导入文件夹"，将其导入到"项目"面板中。

2. 在"源"监视器面板中，为素材设置入出点并插入素材到时间线面板中

（1）单击"项目"面板中"案例 3 素材"前面的小三角，将其展开。双击其中的"素材.avi"，在"源"监视器面板中打开并预览，确定需要的影片片段。

（2）设置入出点。在"源"监视器面板的时间码处输入"00：00：33：03"，将时间指针移到该处，单击"源"监视器面板下方的"标记入点"按钮 ，设置入点。在"源"监视器面板的时间码处输入"00：00：46：02"，将时间指针移到该处，单击"源"监视器面板下方的"标记出点"按钮 ，设置出点。

（3）插入素材到时间线中。单击"源"监视器面板下方的"插入"按钮，入出点之间的影片剪辑就被插入时间线面板。在"源"监视器面板的时间标尺上右击，在弹出的菜单中，执行菜单命令"清除入点和出点"。

（4）用同样的办法，依次将 00：01：16：01（入点）——00：01：23：06（出点）、00：01：23：07（入点）——00：01：34：07（出点）、00：00：46：03（入点）——00：00：54：21（出点）、00：01：34：08（入点）——结束（出点）这几个区间的影片剪辑插入到时间线上。

（5）素材的覆盖。在时间线面板的时间码处输入"00：00：43：18"，将时间指针移到该处。在"项目"面板中，双击素材"主楼.avi"，在"源"监视器面板中打开。在"源"监视器面板的时间码处输入"00：00：01：00"，将时间指针移到该处，标记入点。在"源"监视器面板的时间码处输入"00：00：03：00"，将时间指针移到该处，标记出点。单击"源"监视器面板下方的"覆盖"按钮，入出点之间的影片剪辑就替换了时间线面板中"00：00：43：18"之后的影片内容。

（6）插入最后一段素材。再次双击"项目"面板中的"素材.avi"，在"源"监视器面板中打开，在"源"监视器面板的时间码处输入"00：00：15：15"，单击"源"监视器面板下方的"标记入点"按钮 。在"源"监视器面板的时间码处输入"00：00：24：00"，单击"源"监视器面板下方的"标记出点"按钮 。单击"源"监视器面板下方的"插入"按钮，入出点之间的影片剪辑就被插入时间线面板。在"源"监视器面板的时间标尺上右击，在弹出的菜单中，执行菜单命令"清除入点和出点"。现在的时间线面板的"视频 1"轨道上有 7 段影片剪辑，如图 2-38 所示。

3. 对不符合要求的影片片段进行提升或提取处理

在"节目"监视器面板中预览，已经形成了"约见"的故事情节。但是，里面有拍摄不当、多余、穿帮等镜头片段，需要裁剪。

（1）设置入出点。在"节目"监视器面板（或时间线面板）上将时间指针移到开头处，

图 2-38　插入素材后的"视频 1"轨道

单击"节目"监视器面板下方的"标记入点"按钮 ，设置入点。在"节目"监视器面板的时间码处输入"00:00:03:00",将时间指针移到该处,单击"节目"监视器面板下方的"标记出点"按钮 ，设置出点。

（2）提升素材。单击"节目"监视器面板下方的"提升"按钮 ，入出点之间的影片剪辑被清除,并留下空白。

（3）用同样的办法,将 00:00:13:00(入点)——00:00:14:00(出点)、00:00:20:06(入点)——00:00:26:10(出点)、00:00:31:07(入点)——00:00:34:15(出点)、00:00:39:03(入点)——00:00:40:04(出点)、00:00:45:19(入点)——00:00:49:16(出点)这几个区间的影片剪辑,进行"提升"处理。全部处理完成后的"视频 1"轨道如图 2-39 所示。

（4）选中"视频 1"轨道上提升后留下的空白片段,右击,执行"波纹删除"命令。波纹删除后的效果,如图 2-40 所示。

图 2-39　"提升"操作后的"视频 1"轨道

图 2-40　波纹删除后的"视频 1"轨道

4. 解除视音频链接并删除背景音

（1）使用"轨道选择工具" 选中"视频 1"轨道上的所有视频,其对应的音频也被选中。右击,执行"解除视音频链接"命令。

（2）选中"音频 1"轨道上的所有音频,按 Delete 键删除。

5. 使用标记在影片中间位置添加背景音乐

（1）添加标记。在时间线面板的时间码处输入"00:00:07:06",将时间指针移到该处,单击"节目"监视器面板下方的"添加标记"按钮 ，在此处添加标记。

（2）拖动"项目"面板中的音频素材"背景音乐.mp3"到"音频 1"轨道上,当音乐开始处与标记对齐时,释放鼠标。最终的时间线面板如图 2-41 所示。

图 2-41　最终的时间线面板

（3）预览影片并保存。

流程图

本案例的操作流程如图 2-42 所示。

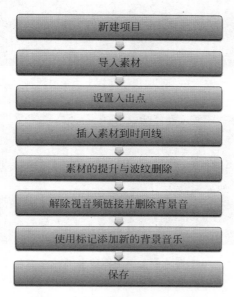

图 2-42　进阶编辑技术运用流程图

2.4　编辑技术进阶

2.4.1　时间标记

时间标记用于标注重要的编辑位置。添加标记后，可以在以后的编辑过程中快速找到标记位置，提高编辑速度，还可以使用标记快速对齐素材。

1. 添加标记

（1）在"源"监视器面板中添加标记。

在"源"监视器面板中调整时间指针到要添加标记的位置，然后，单击"源"监视器面板中的"添加标记"按钮■或执行"标记→添加标记"命令，即可在当前位置处添加标记，如图 2-43 所示。将含有标记的素材添加至时间线上后，标记符号在素材上显示。

如果素材是一段音视频，所添加的标记将同时作用于素材的音频部分和视频部分。

（2）在时间线面板上添加标记。

不仅可以在"源"监视器面板中为素材添加标记，还可以在时间线面板中直接为序列添加标记，方法同上。但不一样的是，在时间线面板中添加的标记显示在序列上方，不出现在素材中，如图 2-44 所示。

图 2-43 在"源"监视器面板上为素材添加标记

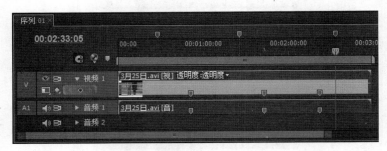

图 2-44 添加的两类标记

2. 使用标记

（1）对齐素材。

利用标记，可以很方便地实现一段素材的起点或末尾与另一段素材中的标记对齐，或者两段素材中标记的对齐。比如，在为某段视频添加背景音乐时，当需要在视频的中间某点开始响起音乐，可以在该点处添加标记。将视频放到视频轨道中，将背景音乐放到音频轨道中，在音频轨道中往后拖动背景音乐，将音频的开始处与视频轨道中的标记处在时间上重合。用同样的办法，也可以实现视频中的标记与音频中标记的对齐，如图 2-45 所示。

（2）查找标记。

在"源"监视器面板中选择时间指针，执行"标记→转到下一标记"命令或"标记→转到前一标记"命令，即可将"源"监视器面板中的时间指针移动到素材中的下一个或前一个标记处。

同样，也可以在时间线面板中查找标记。右击时间线面板中的时间指针，在弹出的下拉菜单中执行菜单命令"转到下一标记"或"转到前一标记"，即可将时间线面板中的时间指针移动到序列中的下一个或前一个标记处。

3. 删除标记

在"源"监视器面板中或时间线面板右击某一标记，在弹出的下拉菜单中，执行"清除当前标记"或"清除所有标记"命令，即可完成当前标记或所有标记的清除。

注意：在"源"监视器面板中执行"清除所有标记"命令时，只是清除素材中的所有标

(a) 初始状态

(b) 素材起点与标记对齐

(c) 两段素材标记与标记对齐

图 2-45　对齐素材

记,对序列中的标记不产生影响。同样,在时间线面板中执行"清除所有标记"命令时,只是清除序列中的所有标记,对素材中的标记不产生影响。

2.4.2　设置入出点

1. 在"源"监视器面板中设置入点与出点

在"源"监视器面板中打开素材视频,拖动时间指针到需要设置入点的位置,单击"源"监视器面板中的"标记入点"按钮 或执行"标记→标记入点"命令,即可在当前位置处添加入点标记。然后,用同样的方法设置出点。这时,将素材添加到时间线面板,只保留入点和出点之间的内容。

如果想取消所设定的入点和出点,右击"源"监视器面板内的时间标尺处,在弹出的下拉菜单中,执行"清除入点""清除出点"或"清除入点和出点"命令,可分别清除入点、出点或全部清除。

注意:清除入点与出点的操作不会影响已经添加至时间线上的素材副本。但是,如果再次将这段素材(已经修改了入点、出点)从"项目"面板添加至时间线面板时,会按照新的入出点设置应用该段素材。

2. 在时间线面板中设置入出点

如果已经将素材添加到时间线面板,可以使用"选择工具"实现素材的出入点设置。将"选择工具" 移到时间线面板中素材的左边缘,选择工具变为一个红色向右的边缘图

标。单击并向右拖动到素材开始点的位置,如图 2-46 所示,即可设置素材入点。同样,将"选择工具" ▶ 移到时间线面板中素材的右边缘,选择工具变为一个红色向左的边缘图标。单击并向左拖动到素材结束点的位置,即可设置素材出点。

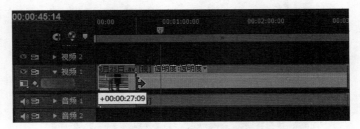

图 2-46　使用选择工具设置入点

2.4.3　插入和覆盖

使用"源"监视器面板中的"插入" 🔂 或"覆盖" 🖵 按钮,如图 2-47 所示,可以将整段素材或者素材中的某段(入点和出点之间的内容)放到时间线面板中。例如,目前,时间线面板中的影片是一辆汽车在行驶,想在该影片第 3 秒处添加一段 5 秒钟的车内人物的镜头。如果执行"插入"编辑,那么,将在时间线面板的第 3 秒处插入车内人物的影片,整个影片时长增加 5 秒。如果执行"覆盖"编辑,那么,从第 3 秒开始的 5 秒钟内,汽车行驶画面将被车内人物镜头所替代,影片时长不变,具体操作如下。

图 2-47　"源"监视器面板中的"插入"和"覆盖"按钮

首先,在时间线面板中选择目标轨道(汽车行驶影片素材所在轨道),将时间指针移到编辑点位置。接着,在"源"监视器面板中打开需要添加的素材(车内人物镜头),设置好入点和出点(视情况而定,也可以不设置),单击"源"监视器面板下方的"插入"按钮 🔂 或"覆盖"按钮 🖵,也可以执行"素材→插入"或"素材→覆盖"命令。

2.4.4　提升和提取

使用"节目"面板中的"提升" 🔁 或"提取" 🔂 按钮,可以方便地从时间线面板中移除序列中的部分内容。

首先,在时间线面板中设置序列的入点和出点。单击"提升"按钮或执行"序列→提升"命令,将移除入点到出点之间的部分,并在时间线面板上留下一段空白,如图 2-48 所示。按 Ctrl+Z 组合键,撤销刚才的"提升"操作。单击"提取"按钮或执行"序列→提取"

命令,将移除入点到出点之间的部分,并将入点之前和出点之后的两段素材连接在一起,中间不留空白,如图 2-49 所示。

图 2-48　"提升"操作

图 2-49　"提取"操作

2.4.5　三点编辑与四点编辑

三点编辑与四点编辑是专业视频编辑工作中经常采用的方法,就是在现有剪辑上插入另一段剪辑,只要通过三点或者四点指定插入或者提取的位置即可。

三点编辑的"三点"指的是:素材的入点、影片剪辑的入点、影片剪辑的出点。

三点编辑的操作方法:首先,在"源"监视器面板中打开素材,拖动播放滑块定位到要设置为入点的帧上,单击"设置入点"按钮,确定素材的入点。接着,在"节目"面板中设置当前时间线上影片剪辑的入点和出点。最后,单击"源"监视器面板中的"覆盖"按钮,则素材中入点之后的内容会替换当前时间线上影片剪辑的入点和出点之间的部分。如果素材入点之后的时间比影片剪辑入出点之间的时间长,则素材多出的内容被裁剪,不参与替换。如果素材入点之后的时间比影片剪辑入出点之间的时间短,则弹出"适配素材"对话框,如图 2-50(a)所示,可以在此设置素材与影片剪辑的匹配方式。

(a)"素材源比目标更短"时　　　(b)"素材源比目标更长"时

图 2-50　"适配素材"对话框

* 更改素材速度(充分匹配):调整素材入点之后部分的播放速度,使其持续时间与影片剪辑入点和出点之间的持续时间一致。
* 忽略序列入点:将素材出点与影片剪辑出点对齐,素材入点之后的部分替换同样时间的影片剪辑,影片剪辑多余的部分保留。
* 忽略序列出点:将素材入点与影片剪辑入点对齐,素材入点之后的部分替换同样时间的影片剪辑,影片剪辑多余的部分保留。

四点编辑比三点编辑多了一点，即素材出点的设置。操作方法与三点编辑相同。当素材入点和出点之间的时间长度与影片剪辑入点和出点之间的长度不一致时，也会弹出"适配素材"对话框，如图2-50所示。当素材源比目标更短时，弹出的对话框如图2-50(a)所示，前面已经介绍。当素材源比目标更长时，弹出的对话框如图2-50(b)所示，多了两个选项的设置。

- 忽略源入点：以影片剪辑入点和出点之间的持续时间为准，从素材入出点区间的左侧开始，裁剪素材多余部分。
- 忽略源出点：以影片剪辑入点和出点之间的持续时间为准，从素材入出点区间的右侧开始，裁剪素材多余部分。

案例4 成长相册——运动效果的添加

案例描述

以"共同成长"为主题，对技能比赛中拍摄的素材进行处理，经过新建项目、素材导入、在"特效控制台"面板中设置"运动""缩放比例"和"透明度"等参数，形成最终效果，如图2-51所示。在这个过程中，感受同学们在技能训练中互帮互助、共同成长的同窗友情。

(a) 镜头1　　　　　　　　　　(b) 镜头2

(c) 镜头3　　　　　　　　　　(d) 镜头4

图2-51 "共同成长"影片片段

案例解析

在本案例中，需要完成以下操作：

- 新建项目并导入素材。
- 在"特效控制台"面板中为素材设置"运动"效果。

- 在"特效控制台"面板中为素材添加关键帧、设置"透明度"效果。
- 为素材添加"白场过渡"效果。
- 创建字幕效果。
- 在时间线面板的音频轨道上添加音乐并进行设置,保存影片。

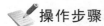　操作步骤

1. 新建项目并导入素材

（1）双击桌面上的图标 ，启动 Premiere Pro CS6，在欢迎界面中单击"新建项目"图标。

案例 4　成长相册

（2）在"新建项目"对话框中设置保存位置并命名为"成长相册"。

（3）单击"确定"按钮,出现"新建序列"对话框。在"有效预设"中选择"DV-PAL"下的"标准 48kHz",确定序列名称,单击"确定"按钮。

（4）导入素材。执行"文件→导入"命令或者在"项目"面板中双击,打开"导入"对话框,选择素材文件夹"案例 4 素材",单击"导入文件夹",将其导入"项目"面板。

2. 在"特效控制台"面板中为素材设置"运动"效果

（1）将背景图片放入视频 1 轨道,右击选择"速度/持续时间..."选项,设置持续时间为 17 秒。右键单击选择"缩放为当前画面大小"。

（2）右键单击选择"视频 1",选择"添加轨道",在视频轨中输入添加 3 条轨道。

（3）将"8.jpg"拖入到视频 2 轨道,设置持续时间为 17 秒,打开"特效控制台"面板在 00:00:00:00 处单击"位置"与"缩放比例"前面小闹钟形状的"切换动画"按钮，设置位置为 181.0,168.0,设置缩放比例为 55。在 00:00:03:00 处单击"位置"与"缩放比例"后面的"添加关键帧"按钮,参数设置如图 2-52 所示。

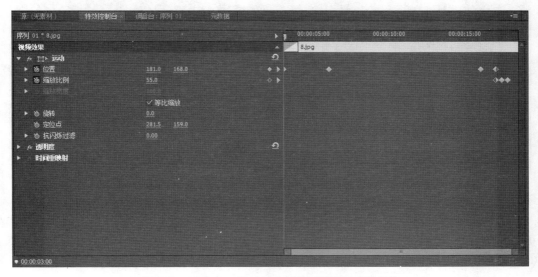

图 2-52　为"8.jpg"设置"位置"和"缩放比例"参数

（4）将"7.jpg""6.jpg""5.jpg"分别拖入视频3、视频4、视频5轨道，设置持续时间为15秒，设置方法与第三步相同，参数设置分别如图2-53～图2-55所示。

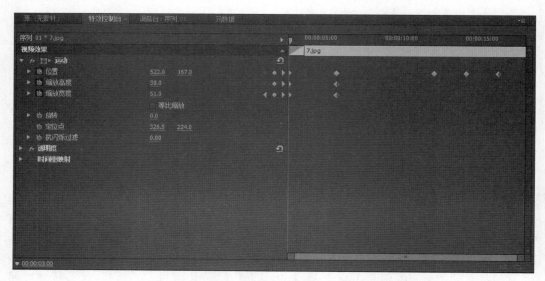

图 2-53　为"7.jpg"设置"位置"和"缩放比例"参数

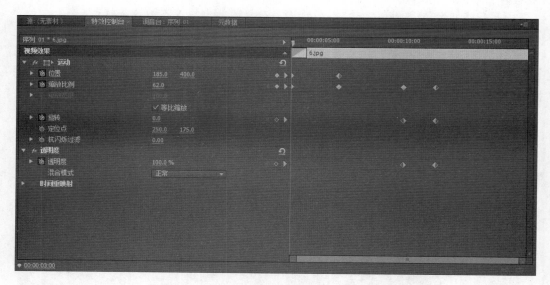

图 2-54　为"6.jpg"设置"位置"和"缩放比例"参数

（5）将"4.jpg"拖入视频6轨道，设置持续时间为3秒，右击，选择"缩放为当前画面大小"，打开特效控制台面板，在00:00:00:00处单击"缩放比例"前面的"切换动画"按钮，在00:00:02:24处设置缩放比例为0.0，如图2-56所示。

3. 在"特效控制台"面板中为素材添加关键帧、设置"透明度"效果

（1）选择"5.jpg"，在00:00:06:00处，设置位置为355.0,296.0，设置缩放比例为

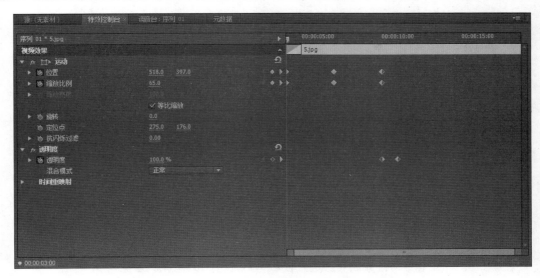

图 2-55   为"5.jpg"设置"位置"和"缩放比例"参数

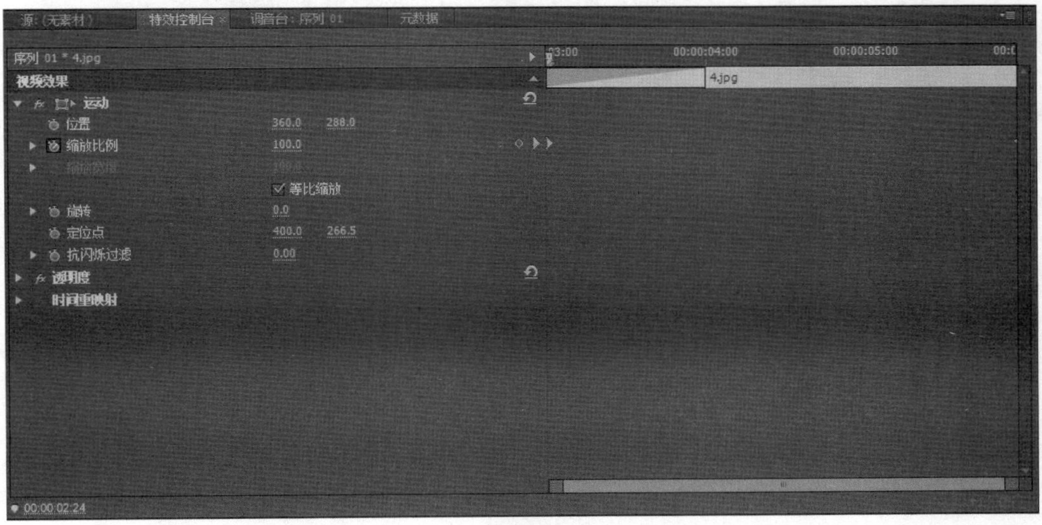

图 2-56   为"4.jpg"设置"位置"和"缩放比例"参数

194.0。单击"透明度"前面的"切换动画"按钮,在 00:00:06:24 处设置为 0.0%,参数设置如图 2-57 所示。

　　(2) 选择"6.jpg",在 00:00:07:00 处,通过单击"切换动画"按钮或"添加/移除关键帧"按钮,为"旋转""透明度""缩放级别"添加关键帧,在 00:00:09:00 处,设置缩放比例为 270,设置旋转为 2×2.0°,透明度为 0.0%,如图 2-58 所示。

　　(3) 选择"7.jpg",在 00:00:09:00 处单击位置后面的"添加/移除关键帧"选项,在 00:00:11:00 处设置位置为 226.0,306.0,在 00:00:13:00 处设置位置为 912.0,514.0,如图 2-59 所示。

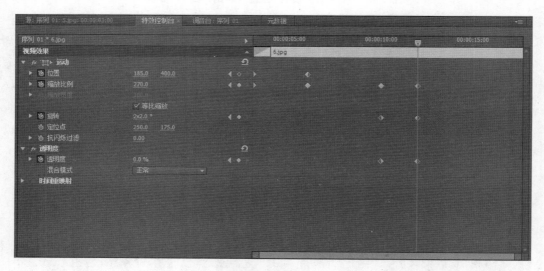

图 2-57   为"5.jpg"设置"位置""缩放比例"和"透明度"参数

图 2-58   为"6.jpg"设置"缩放比例"和"透明度"参数

（4）选择"8.jpg"，在 00：00：13：00 处，单击"位置""缩放比例"后面的"添加/移除关键帧"选项，在 00：00：14：00 处设置位置为 362.0,280.0，在 00：00：14：24 处设置缩放比例为 187，如图 2-60 所示。

（5）按住 Shift 键，依次选择所有素材，向后拖动至 00：00：03：00 处。将"9.jpg"与背景拖动至 00：00：20：00 处。在 00：00：18：20 处选择"剃刀工具"将素材"8.jpg"割开，打开"效果"面板，选择"视频特效→生成→镜头光晕"，将"镜头光晕"拖动至"8.jpg"素材后半段，打开"特效控制台"面板，在 00：00：18：21 处，单击"光晕中心"前面的切换动画按钮，设为 133.2,73.2，如图 2-61 所示。在 00：00：19：21 处设置为 174.2,73.2。

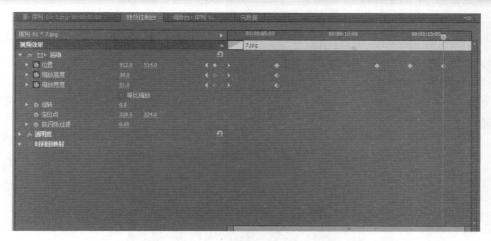

图 2-59　为"7.jpg"在 00：00：13：00 处设置"位置"关键帧参数

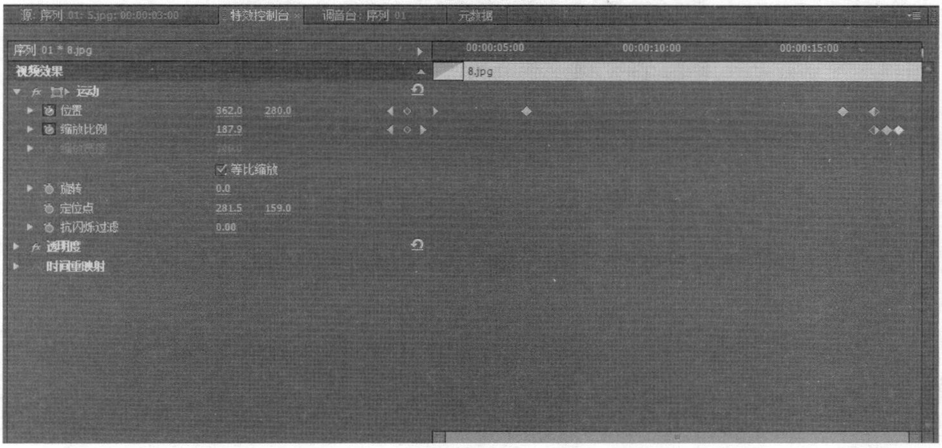

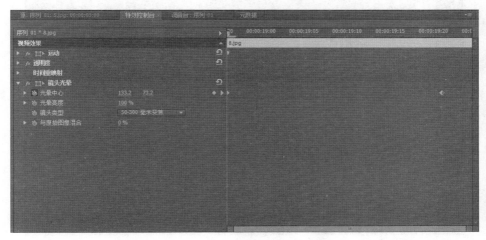

图 2-60　为"8.jpg"设置"添加关键帧"参数

图 2-61　为"8.jpg"添加"镜头光晕"效果并设置"添加关键帧"参数

4. 为素材添加"白场过渡"效果

打开"效果"面板,选择"视频切换→叠化→白场过渡",将"白场过渡"拖动至视频 1、视频 2、视频 3、视频 4、视频 5、视频 6 素材的开始处。

5. 创建字幕效果

(1) 右击"视频 1",单击"添加轨道",在弹出的"添加视音轨"对话框中设置"放置"为"跟随 视频 1",如图 2-62 所示。

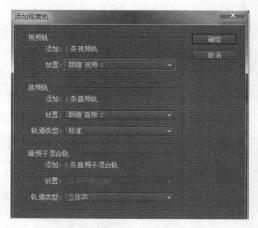

图 2-62 添加"视音轨"对话框

(2) 选择"字幕→新建字幕→默认静态字幕",使用默认值,在字幕面板中输入"互帮互助,共同成长"。

(3) 将新建的字幕拖入视频 2 的 00:00:03:00 处,设置持续时间为 17 秒,打开"特效控制台"面板,在 00:00:03:00 处单击"位置"前面的切换动画按钮,设置位置为 545.0,350.0,如图 2-63 所示,在 00:00:09:00 处设置为 269.0,350.0,在 00:00:12:00 处设置为

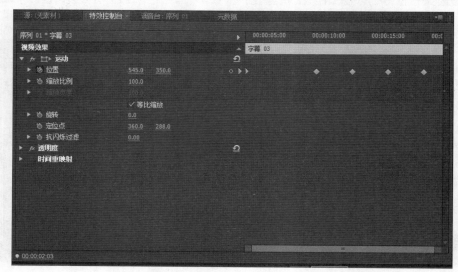

图 2-63 为创建的字幕设置"添加关键帧"参数

547.0,350.0,在00:00:15:00处设置为271.0,350.0,在00:00:18:00处设置为550.0,350.0,在00:00:19:24处设置为,271.0,350.0。

（4）右击"视频1",选择"新建轨道",新建5个视频。

（5）选择"字幕→新建字幕→默认静态字幕",使用默认值,在字幕面板中输入"成长册"。

（6）将新建的"旅游相册"拖入视频8轨道,设置持续时间为3秒。打开"特效控制台"面板,在00:00:00:00处单击"缩放比例"与"透明度"前面的"切换动画"按钮,都设置为0,如图2-64所示。在00:00:02:00处都设置为100。

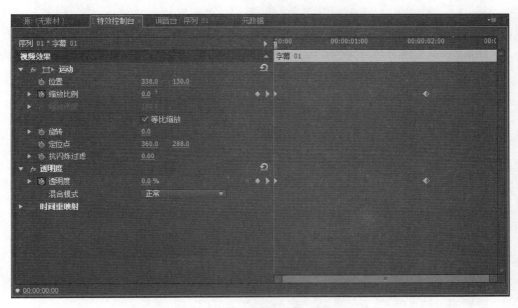

图2-64　为创建的字幕设置"添加关键帧"参数

（7）选择"字幕→新建字幕→默认静态字幕",使用默认值,选择"矩形工具"设置颜色为红色,在下方合适位置拖出一个红色矩形,再设置颜色为黑色,在红色矩形中拖出一个小于红色矩形的黑色矩形。

（8）将红色矩形框拖入视频9轨道,设置持续时间为3秒。

6. 在"特效控制台"面板中为素材设置"运动"效果

（1）将"3.jpg""2.jpg""1.jpg"分别拖入视频10、视频11、视频12轨道,持续时间都为3秒。

（2）选择"2.jpg"素材,打开"特效控制台"面板,设置"缩放比例"为20,在00:00:00:00处,单击"位置"前面的"切换动画"按钮。设置位置为813.0,497.0,在00:00:01:15处设置为135.0,497.0,如图2-65所示。选择"3.jpg",设置"缩放比例"为35,在00:00:01:15处,设置位置为813.0,497.0,在00:00:02:15处设置位置为350.0,497.0,如图2-66所示。选择"1.jpg",设置"缩放比例"为20,在00:00:02:15处,设置位置为813.0,497.0,在00:00:02:24处设置位置为577.0,497.0,如图2-67所示。

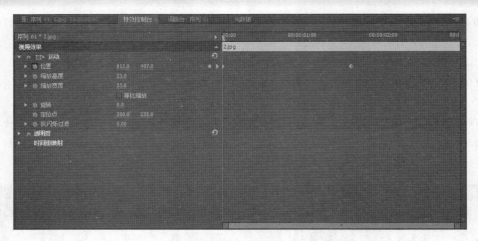

图 2-65　为"2.jpg"设置"位置"和"缩放比例"参数

图 2-66　为"3.jpg"设置"位置"和"缩放比例"参数

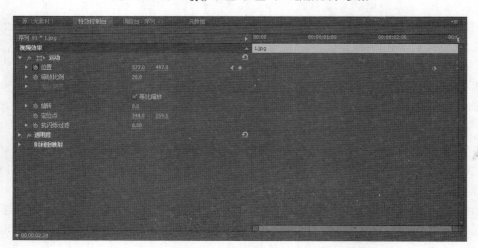

图 2-67　为"1.jpg"设置"位置"和"缩放比例"参数

7. 在时间线面板的音频轨道上添加音乐并进行设置，保存影片

拖动"项目"面板中的音频素材"海阔天空.mp3"到"音频 1"轨道上，拖动"项目"面板中的音频素材"背景音乐.mp3"到"音频 1"轨道上。选择"剃刀工具"，将 00：00：20：00 后面的部分删除，最终的时间线面板如图 2-68 所示。

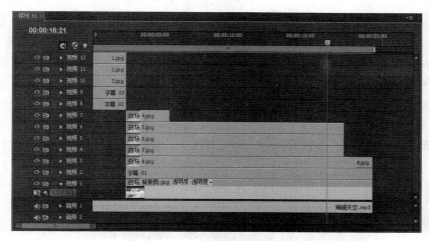

图 2-68　最终的时间线面板

预览影片并保存：单击"节目"监视器面板中的"播放"按钮，观看效果。执行"文件→保存"命令，保存项目文件。按 Ctrl＋M 组合键，在打开的"导出设置"对话框中，设置相关参数，将文件导出为"成长相册.avi"。

流　程　图

本案例的操作流程如图 2-69 所示。

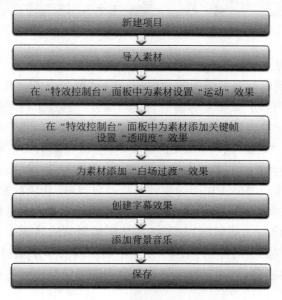

新建项目

↓

导入素材

↓

在"特效控制台"面板中为素材设置"运动"效果

↓

在"特效控制台"面板中为素材添加关键帧设置"透明度"效果

↓

为素材添加"白场过渡"效果

↓

创建字幕效果

↓

添加背景音乐

↓

保存

图 2-69　运动效果添加流程图

2.5 运动效果

2.5.1 添加运动效果

Premiere 不仅可以编辑组合视频素材,还有强大的运动生成功能,即可将静态的图像进行移动、旋转、缩放以及变形等,使其产生运动效果。运动效果是通过帧动画完成的。一帧就是一幅静止的画面,连续的帧便形成了运动的效果。在非线性编辑中,表示关键状态的帧叫关键帧。关键帧标记指定值(如空间位置、不透明度或音频音量)的时间点。关键帧之间的值是插值。要创建随时间推移的属性变化,应设置至少两个关键帧:一个关键帧对应变化开始的值,另一个关键帧对应变化结束的值。Premiere 主要提供了两种设置关键帧的方法:一是在"特效控制台"面板中设置关键帧;二是在时间线面板中设置关键帧。

在"特效控制台"面板中设置关键帧前,先来认识该面板,如图 2-70 所示。

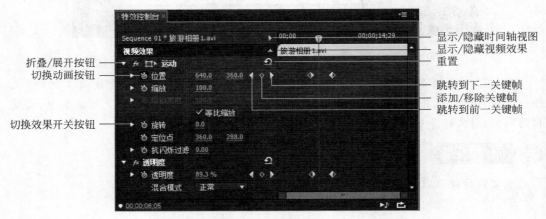

图 2-70 "特效控制台"面板

设置关键帧的方法如下。

(1)将素材添加到时间线面板的视频轨道,执行"窗口→特效控制台"命令,打开"特效控制台"面板,单击"运动"效果名称前的"折叠/展开按钮" ,将其展开。

(2)将时间线指针移到需添加关键帧的位置,在"特效控制台"面板中设置相关参数(如"位置"选项),单击"位置"选项左侧的"切换动画"按钮 ,即可在当前位置添加一个关键帧,并将设置的参数值记录在关键帧中。

(3)将时间指针移到需要添加关键帧的其他位置,修改选项的参数值,修改的参数会被自动记录到第二个关键帧中。用同样的方法可以添加更多的关键帧。

在时间线面板中设置关键帧时,首先将素材添加到时间线面板,单击面板中的"显示关键帧"按钮 ,选择"显示关键帧"菜单,再单击确定需要添加关键帧的位置,然后单击"添加/移除关键帧"按钮 ,就在素材上当前位置添加关键帧。可用鼠标拖曳素材上关键帧标志调整关键帧的不同位置。

2.5.2　编辑运动效果

1. 移动关键帧

在时间线面板的视频轨道中(或在"特效控制台"面板中)选择关键帧标志,按住鼠标左键可以直接移动。

也可按住键盘上 Shift 键同时用鼠标单击关键帧,可同时选择多个关键帧,拖曳到新的时间位置,实现关键帧的移动且各帧之间的距离保持不变。

2. 删除关键帧

(1) 在时间线面板的视频轨道中(或在"特效控制台"面板中)选择关键帧标志,按 Delete 键或 Backspace 键删除关键帧。

(2) 在时间线面板的视频轨道中(或在"特效控制台"面板中)选择关键帧标志,单击"添加/移除关键帧"按钮 ,删除关键帧。

(3) 在"特效控制台"面板中,要删除某选项 (如"位置"选项)所对应的所有关键帧,可单击该 选项左侧的"切换动画"按钮 ,此时会弹出如 图 2-71 所示的"警告"对话框,单击"确定"按钮后 可删除该选项所对应的所有关键帧。

图 2-71　"警告"对话框

2.6　影片的输出与渲染

2.6.1　视频格式介绍

1. AVI 格式

AVI(Audio Video Interleaved)即音频视频交错格式,1992 年由微软公司推出。AVI 是将语音和影像同步组合在一起的文件格式。它对视频文件采用了一种有损压缩方式, 但压缩比较高。AVI 支持 256 色和 RLE 压缩。AVI 信息主要应用在多媒体光盘上,用 来保存电视、电影等各种影像信息。

2. WMV 格式

WMV(Windows Media Video)是微软公司推出的一种流媒体格式,在同等视频质量 下,WMV 格式的文件可以边下载边播放,因此很适合在网上播放和传输。

3. MPEG 格式

MPEG(Moving Picture Experts Group)即运动图像专家组,是专门制定多媒体领域 内的国际标准的一个组织。这类格式包括 MPEG-1、MPEG-2 和 MPEG-4 在内的多种视 频格式。MPEG 压缩标准是针对运动图像而设计的,基本方法是在单位时间内采集并保

存第一帧信息，然后就只存储其余帧相对第一帧发生变化的部分，以达到压缩的目的。MPEG 压缩标准可实现帧之间的压缩，其平均压缩比可达 50∶1，压缩率比较高，且又有统一的格式，兼容性好。

4. MOV 格式

MOV 即 QuickTime 影片格式，它是 Apple 公司开发的一种音频、视频文件格式，用于存储常用数字媒体类型。MOV 是一种流式视频格式，并能被众多的多媒体编辑及视频处理软件所支持。在 Premiere 中需要安装 QuickTime 播放器才能导入 MOV 格式视频。

5. TGA 格式

TGA 是由美国 Truevision 公司开发的一种图像文件格式，其结构比较简单，属于一种图形、图像数据的通用格式，目前大部分文件为 24 位或 32 位真彩色。TGA 文件总是按行存储、按行进行压缩的，这使它成为计算机生成图像向电视转换的首选格式。TGA 格式支持压缩，使用不失真的压缩算法。

6. ASF 格式

ASF(Advanced Streaming Format)是高级串流格式的缩写，是微软公司推出的一种包含音频、视频、图像以及控制命令脚本的数据格式，可以直接在 Internet 上观看视频节目，即可以一边下载一边播放。ASF 使用了 MPEG-4 的压缩算法，压缩率和图像的质量都很不错。

7. FLV 格式

FLV 是 Flash Video 的简称，FLV 流媒体格式是一种新的视频格式。由于它形成的文件极小、加载速度极快，使得网络观看视频文件成为可能，它的出现有效地解决了视频文件导入 Flash 后，导出的 SWF 文件体积庞大，不能在网络上很好的使用等缺点。

2.6.2 如何输出影片

在 Premiere 中，完成视频编辑只是完成了素材的组织和剪辑。对编辑后的视频按 Enter 键进行渲染，然后把项目渲染导出为特定媒体文件之后，才能在其他媒体播放器上播放。

Premiere Pro CS6 提供了 7 个导出选项，选择菜单"文件→导出"，可以打开"导出"子菜单，如图 2-72 所示。

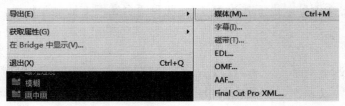

图 2-72 "导出"选项

- 媒体：导出所有流行的媒体格式。
- 字幕：将字幕导出为独立的文件，可以在其他 Premiere 项目中使用。
- 磁带：可以将项目内容传送到磁带上。
- EDL：可以创建编辑决策列表（EDL），以便将项目送到制作机房进一步编辑。
- OMF：可以将激活的音轨导出为开放媒体格式（Open Media Format）文件。
- AAF：可以导出为高级创作格式（Advanced Authoring Format）文件，以便在不同平台、系统和应用程序间交换数字媒体和元数据。
- Final Cut Pro XML：导出为 XML 格式文件，以便在 Apple Final Cut Pro 中进一步编辑。

1. 导出媒体

在时间线面板上选中要导出的序列，执行"文件→导出→媒体"命令，弹出如图 2-73 所示的"导出设置"对话框，设置导出路径、格式等参数，单击"导出"或"队列"按钮，等待编码结束时，即完成导出。

图 2-73　"导出设置"对话框

2. 使用 Adobe Media Encoder 导出

Adobe Media Encoder 是一款独立的视频和音频编码应用程序，可以批量处理队列中的多个视频或音频文件。在它处理编码队列期间，可以同时编辑其他的 Premiere 项目。它可以独立运行，也可以通过 Premiere 启动。

操作方法：在 Premiere 的"导出设置"对话框中设置好参数，单击"队列"按钮，会自动启动 Adobe Media Encoder 软件并将当前任务添加到其队列中，单击"开始队列"按钮，即可开始对队列中的序列编码输出，如图 2-74 所示。

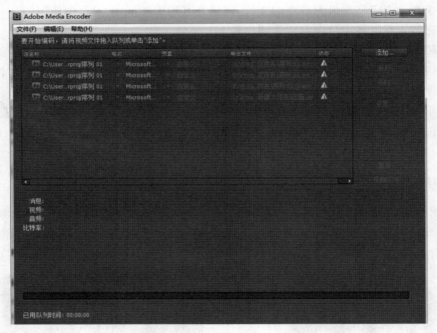

图 2-74　Adobe Media Encoder 界面

课堂练习

1. 导入的素材文件或创建的项目文件，都会显示在_____面板中。并且，以_____和_____两种方式显示。

2. 使用"工具"面板中的工具，可以在时间线面板中编辑素材。"工具"面板中的主要工具有_____。

3. _____通常用在两个素材或者场景之间，然后添上字幕，提示或概括下一场景即将播放的内容。

4. 通过_____对话框，可以删除未使用文件以及入点前和出点后的额外帧，创建新的工作修整版本来节省磁盘空间，从而减少项目文件的大小和删除无关素材。

5. 在建立了很多序列的情况下，如果想切到某个序列下，选择菜单命令_____，在展开的子菜单中列出了所有序列名，单击某序列名，即可打开。

6. 按下时间线面板的_____按钮后，单击轨道中的一个素材并向另一相邻素材拖动时，它们会自动吸附在一起。这种磁铁似的效果可以确保作品中没有时间间隙。

7. 在时间线面板上，选择_____工具，在当前时间指示器的位置处单击，即可将素材裁切为两部分。

8. 在"素材速度/持续时间"对话框中，选中_____复选框后，会颠倒视频的播放顺序，使其从末尾向前进行倒序播放。

9. Premiere 主要提供了两种设置关键帧的方法：一是在_____设置关键帧；二是在_____设置关键帧。

10. _____是微软公司推出的一种流媒体格式，在同等视频质量下，该格式的文件可以边下载边播放，因此很适合在网上播放和传输。

11. 如何创建彩色蒙版？

12. 三点编辑的操作步骤是什么？

课后实战

1. 从网上下载图片、视频、音乐等素材，完成以"大美山东"为主题的宣传片制作。

2. 自己使用数码产品（DV 机、手机等）拍摄素材，完成以"我们班的有趣事"为主题的小短片的制作。

字 幕 应 用

字幕在影视作品中的应用非常广泛,是影视作品重要的组成部分,字幕也是影视作品传达信息的重要途径。无论在片头、片尾或者片中,字幕起到了对影视作品解释说明的作用,更清晰地向观众传达信息。精彩字幕的设计制作,会给影视作品增色不少,更加吸引观众的眼球。

从大的方面讲,字幕功能包含了文本和图形两部分。

3.1 简单字幕

3.1.1 新建静态字幕

新建静态字幕,可以使用 Premiere Pro CS6 软件中专门提供的字幕窗口。

执行"文件→新建 →字幕"命令(Ctrl＋T 组合键),或者在"项目"窗口空白处右击,在弹出的菜单中执行"新建分项→字幕"命令,弹出"新建字幕"对话框,如图 3-1 所示。

采用默认设置,确定后,弹出字幕编辑窗口,如图 3-2 所示。

字幕编辑窗口的左边是"字幕工具"面板和"字幕动作"面板,可以用来编辑文本和绘制图形;中间是字幕编辑区和"字幕样式"面板;右边是"字幕属性"面板,可以用来对字幕的变换、属性、填充、描边、阴影等进行设置。

"字幕工具"面板包括生成、编辑文字和绘制图形的工具,在新建字幕时使用非常频繁,如图 3-3 所示。

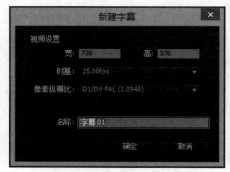

图 3-1 "新建字幕"对话框

我们通过一个简单的案例学习新建静态字幕,具体操作方法如下。

1. 新建项目序列

运行 Premiere Pro CS6 软件,选择"新建项目"选项,新建一个项目,在"新建项目"窗口中选择项目文件保存的位置和名称。

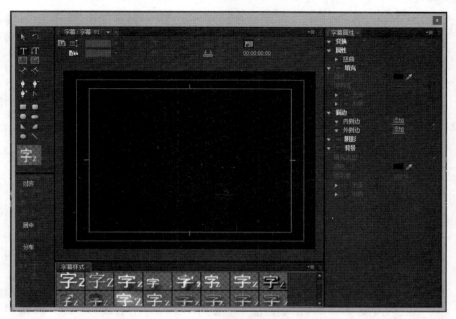

图 3-2　字幕编辑窗口

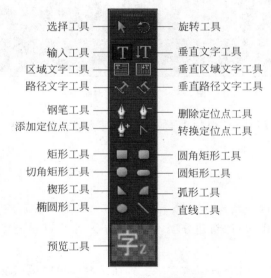

图 3-3　"字幕工具"面板

单击"确定"按钮，会弹出"新建序列"对话框，选择"序列预设"→"有效预设"→DV-PAL→"标准 48kHz"选项，如图 3-4 所示，单击"确定"按钮。

2. 导入素材文件

在"项目"窗口空白处双击，会弹出"导入"对话框，导入"3.1 素材"文件夹中的素材 beijing1.jpg。

63

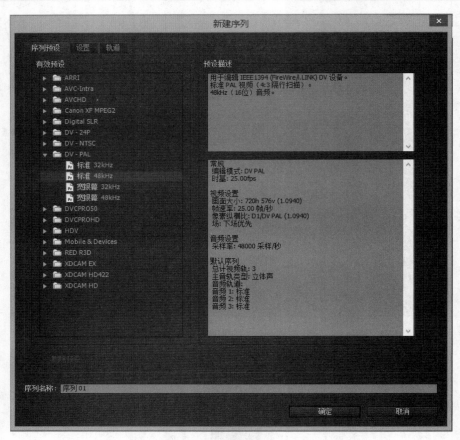

图 3-4 "新建序列"对话框

将素材 beijing1.jpg 拖至"视频 1"轨道上,在素材上右击,在弹出的快捷菜单中选择"缩放为当前画面大小"。

3. 新建静态字幕

在菜单中执行"文件→新建→字幕"命令(Ctrl＋T 组合键),或者在"项目"窗口空白处右击,在弹出的菜单中执行"新建分项→字幕"命令,采用默认设置,确定后,会弹出字幕编辑窗口。

使用垂直文字工具或者垂直区域文字工具在字幕编辑区输入文本"践行工匠精神 练就职业技能",在"字幕属性"面板中选择字体、字体大小、行距、字距、填充类型及颜色(♯000000),添加白色(♯FFFFFF)外侧边,如图 3-5 所示,并使用选择工具适当调整文本位置。

4. 合成

关闭字幕编辑窗口,在"项目"面板中将"字幕 01"拖至"视频 2"轨道上,调整其长度,效果如图 3-6 所示。

图 3-5 "字幕属性"面板的参数设置

图 3-6 调整"字幕 01"

5. 保存预览

在菜单中执行"文件→存储"命令(Ctrl+S 组合键),保存项目,按 Space 键,可在"节目"监视器面板中预览最终效果,如图 3-7 所示。

图 3-7 最终效果

3.1.2　设置文字属性

对于已经输入的文字,可以使用"字幕动作"面板调整其排列、居中和分布,或者使用"字幕样式"面板设置其样式,还可以使用"字幕属性"面板对字幕进行"变换""属性""填充""描边""阴影"等设置。

"字幕动作"面板适用于多个对象,具体功能如图3-8所示。

1. 对齐设置

将两个或两个以上的对象进行顶端、居中和底端等方向的对齐。

2. 居中设置

将一个或一个以上的对象进行水平或垂直居中的排列。

3. 分布设置

将三个或三个以上的对象进行顶端、居中和底端等方向的等间距分布。

"字幕样式"面板中提供了许多预设的字幕样式,用户可以根据需要自行选择使用,具体的功能将在后面的章节中详细介绍。

"字幕属性"面板在前面的案例中已经初步涉及,具体功能介绍如下。

（1）"变换"设置

"变换"设置主要用于设置字幕的透明度、位置、高度、宽度和旋转角度,如图 3-9 所示。

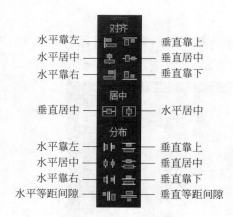

图 3-8　"字幕动作"面板

图 3-9　"变换"设置

- "透明度":用于设置字幕的透明度,通过改变其参数,可以调整字幕的可见度。
- "X轴位置":用于设置字幕在 X 轴的位置,数值越大,字幕越靠近窗口右侧,数值越小,字幕越靠近窗口左侧。
- "Y轴位置":用于设置字幕在 Y 轴的位置,数值越大,字幕越靠近窗口底端,数值越小,字幕越靠近窗口顶端。

- "宽"和"高":分别用于设置字幕的宽度值和高度值。
- "旋转":用于设置字幕的旋转角度。

（2）"属性"设置

"属性"设置主要用于设置字幕的字体、样式、大小等属性,从而起到美化字幕外观的作用,如图 3-10 所示。

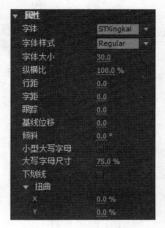

图 3-10 "属性"设置

- "字体":用于设置字幕的字体,注意区分中文字体和非中文字体,以免出现乱码。
- "字体样式":用于设置当前所选字体的样式。
- "字体大小":用于设置字幕的大小。
- "纵横比":用于设置字幕的缩放,使字幕产生变宽或者变窄的效果,数值大于 100%,字幕变宽,数值小于 100%,字幕变窄。
- "行距":用于设置字幕文本行与行之间的距离。
- "字距":用于设置字幕文字与文字之间的距离。
- "跟踪":用于设置字幕的横向间距,类似字距效果。
- "基线位移":用于设置字幕偏移基线的距离。
- "倾斜":用于设置字幕的倾斜效果,数值大于 0,字幕向右方倾斜,数值小于 0,字幕向左方倾斜。
- "小型大写字母":输入英文字母时,勾选该复选项,所输入小写字母会变成大写字母。
- "大写字母尺寸":该参数只有在"小型大写字母"复选框勾选的情况下有效,用于设置所有由"小型大写字母"复选框激活而转化的大写字母的尺寸大小。
- "下划线":勾选该复选框,为所选字幕设置下划线。
- "扭曲":用于设置字幕在 X 轴方向或者 Y 轴方向的扭曲效果。

（3）"填充"设置

"填充"设置主要用于设置字幕的填充类型、颜色、透明度、光泽和材质等,如图 3-11 所示。

- "填充类型":提供了 7 种字幕的填充类型,分别是实色、线性渐变、放射渐变、四色渐变、斜面、消除和残像,用户可根据需要选择填充类型。
- "颜色":用于设置字幕的填充颜色,当填充类型不同时,该选项也会有相应的变化。
- "透明度":用于设置字幕的透明度。
- "光泽":用于给字幕添加光泽效果,选择该选项并将其展开,可以看到该选项中提供了多种参数设置,"颜色"用于设置光泽的颜色;"透明度"用于设置光泽的透明度;"大小"用于设置光泽的大小;"角度"用于设置光泽的倾斜角度;"偏移"用于设置光泽位置产生的偏移量,如图 3-12 所示。

图 3-11　"填充"设置

图 3-12　"光泽"选项

- "材质"：用于给字幕添加纹理效果，选择该选项并将其展开，可以看到该选项中提供了多种参数设置，"材质"用于选择添加一种材质效果；"对象翻转"和"对象旋转"被勾选时，可以在翻转或者旋转字幕时，让材质跟随字幕一起翻转或者旋转；"缩放"用于对材质进行缩放；"对齐"用于调整材质在字幕表面的位置及偏移量；"混合"用于调整材质与原始填充效果的混合模式，如图 3-13 所示。

（4）"描边"设置

　　"描边"设置用于给字幕添加边缘的轮廓线，包括"内侧边"和"外侧边"两种选项，用户可以根据需要点击后面的"添加"按钮选择使用，如图 3-14 所示。通过改变内外侧边的参数设置，从而生成一些三维立体字幕效果。

图 3-13　"材质"选项

图 3-14　"描边"设置

　　"内侧边"和"外侧边"各有三种类型，分别是"深度""凸出"和"凹进"。

- "深度"：使字幕产生厚度，类似三维立体字的效果。
- "凸出"：给字幕添加边缘轮廓。
- "凹进"：使字幕产生一个分离的面，类似投影效果。

（5）"阴影"设置

"阴影"设置用于设置字幕的投影颜色、透明度、角度等属性，如图 3-15 所示。

- "颜色"：用于设置字幕的阴影颜色。
- "透明度"：用于设置字幕阴影的透明度。
- "角度"：用于设置字幕阴影的旋转角度。
- "距离"：用于设置阴影与字幕之间的距离。
- "大小"：用于设置字幕阴影的尺寸大小。
- "扩散"：用于设置字幕阴影的清晰程度，类似羽化效果。

（6）"背景"设置

"背景"设置用于给字幕设置背景的填充类型、颜色、透明度、光泽和材质等，如图 3-16 所示，其功能和使用方法与填充设置类似，这里不做赘述。

图 3-15　"阴影"设置

图 3-16　"背景"设置

3.1.3　基于当前字幕创建新字幕

在制作字幕时，经常会遇到这样的情况，需要制作多个字幕，这些字幕的风格样式相同，但是文字内容不同，如果独立制作，耗时较多。"基于当前字幕新建"功能解决了这一问题，可以在当前字幕的基础上，进行简单修改，即可完成新字幕的制作。

"基于当前字幕新建"按钮在字幕编辑区的左上角，如图 3-17 所示。

图 3-17　"基于当前字幕新建"按钮

"基于当前字幕新建"功能的具体使用方法如下。

1. 打开项目序列

运行 Premiere Pro CS6 软件,选择"打开项目"选项,打开 3.1.1 小节所建项目序列。

2. 基于当前字幕创建新字幕

在"项目"窗口双击"字幕 01",打开字幕窗口,单击字幕编辑区左上角的"基于当前字幕新建"按钮 ，采用默认设置,确定后,会弹出"字幕 02"的编辑窗口,其中保留了原"字幕 01"的内容。

在"字幕 02"编辑窗口中,使用垂直文字工具或者垂直区域文字工具,将原来的文本改为"提升职业素养——勇于尽责担当",重新调整字距,使用选择工具移动其位置,如图 3-18 所示,关闭字幕编辑窗口。

图 3-18　编辑"字幕 02"

3. 导入素材文件

在"项目"窗口空白处右击,在弹出的菜单中选择"导入"选项,导入"3.1 素材"文件夹中的素材 beijing2.jpg。

在时间线将时间指示移至"beijing1.jpg"的最后,将素材"beijing2.jpg"拖至"视频 1"轨道上,在素材上右击,在弹出的快捷菜单中选择"缩放为当前画面大小",时间线如图 3-19 所示。

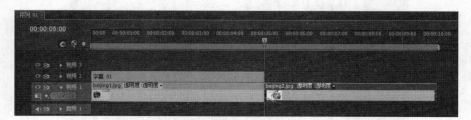

图 3-19　调整后的时间线窗口

4.合成

在"项目"面板中将"字幕 02"拖至"视频 2"轨道上，调整其长度，效果如图 3-20 所示。

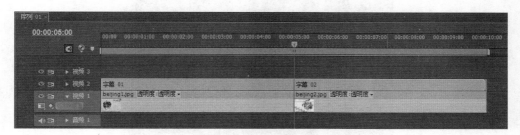

图 3-20　合成后的时间线窗口

5.保存预览

在菜单中执行"文件→存储"命令（Ctrl＋S 组合键），保存项目，按 Space 键，可在"节目"监视器面板中预览最终效果，如图 3-21 所示。

图 3-21　最终效果

利用"基于当前字幕新建"功能，仿照本例，可以轻松完成更多字幕的制作。

3.2　运动字幕

上节中初步介绍了字幕编辑窗口和新建简单字幕的方法，利用字幕编辑窗口中的"滚动/游动选项"按钮，可以建立滚动字幕或者游动字幕。

滚动是指字幕沿垂直方向的运动，例如影视节目结尾从下向上移动的职员表等。游动是指字幕沿水平方向的运动，例如屏幕上（通常是屏幕的最下方）从右向左移动的实时新闻、节目预告等。

"滚动/游动选项"按钮位于字幕编辑窗口的左上角，如图 3-22 所示，本节将详细介绍运动字幕的建立方法。

图 3-22　"滚动/游动选项"按钮

3.2.1　滚动字幕

建立滚动字幕时，可以按照上节中介绍的方法先新建一个静态字幕，然后打开"滚动/游动选项"对话框，将字幕类型设置为"滚动"；也可以执行"字幕→新建字幕→默认滚动字幕"命令，直接建立滚动字幕。两种方法的效果是一样的。

我们通过前一种方法学习新建滚动字幕，具体操作方法如下。

1. 新建项目序列

运行 Premiere Pro CS6 软件，选择"新建项目"选项，新建一个项目，在"新建项目"窗口中选择项目文件保存的位置和名称。

单击"确定"按钮，会弹出"新建序列"对话框，选择"序列预设"→"有效预设"→DV-PAL→"标准 48kHz"选项，单击"确定"按钮。

2. 导入素材文件

在"项目"窗口空白处右击，在弹出的菜单中选择"导入"选项，导入"3.2 素材"文件夹中的素材 beijing1.jpg。

将素材"beijing1.jpg"拖至"视频 1"轨道上。在素材上右击，在弹出的快捷菜单中选择"缩放为当前画面大小"。

3. 新建静态字幕

在菜单中执行"文件→新建→字幕"命令(Ctrl＋T 组合键)，或者在"项目"窗口空白处右击，在弹出的菜单中执行"新建分项→字幕"命令，采用默认设置，确定后，会弹出字幕编辑窗口。

在"字幕属性"面板中，使用区域文字工具绘制文本框，将 wenben1.txt 中的文字复制粘贴入文本框,设置字体、字体大小、行距、填充类型及颜色(♯000000)如图 3-23 所示,使用选择工具适当调整文本框的大小和位置,如图 3-24 所示。

图 3-23 "字幕属性"面板的参数设置 　　图 3-24 调整后的字幕编辑窗口

4. 建立滚动字幕

单击"滚动/游动选项"按钮，打开"滚动/游动选项"对话框,将字幕类型设置为"滚动",在时间(帧)中勾选"开始于屏幕外"和"结束于屏幕外"复选框,如图 3-25 所示,单击"确定"按钮。这样使字幕从屏幕下方之外滚入,并滚动到屏幕上方之外。

5. 合成

关闭字幕编辑窗口,在"项目"面板中将"字幕 01"拖至"视频 2"轨道上,效果如图 3-26 所示。

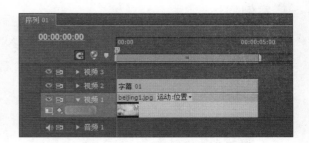

图 3-25 设置"滚动/游动选项"对话框 　　图 3-26 合成后的时间线窗口

6. 保存预览

在菜单中执行"文件→存储"命令(Ctrl＋S 组合键),保存项目,按 Space 键,可在"节目"监视器面板中预览最终效果,如图 3-27 所示。

图 3-27　最终效果

在"滚动/游动选项"对话框中,有"预卷""缓入""缓出""过卷"四个参数,通过设置,可以将匀速滚动的字幕设置为变速滚动的字幕。

- "预卷":输入的数字代表滚动开始时有多少帧画面是静止的。
- "过卷":输入的数字代表滚动结束时有多少帧画面是静止的。
- "缓入":输入的数字代表滚动开始时有多少帧是加速滚动的,如果需要正常速度,则输入数字 0。
- "缓出":输入的数字代表滚动结束时有多少帧是减速滚动的,如果需要正常速度,则输入数字 0。

3.2.2　游动字幕

建立游动字幕的方法与建立滚动字幕的方法类似,可以先新建一个静态字幕,然后打开"滚动/游动选项"对话框,将字幕类型设置为"左游动"或者"右游动";也可以执行"字幕→新建字幕→默认游动字幕"命令,直接建立游动字幕,默认游动字幕是左游动字幕。

案例 5　变速游动字幕的制作

案例描述

学习游动字幕的制作,通过调整"预卷""缓入""缓出""过卷"四个参数,将匀速游动的字幕设置为变速游动的字幕。

案例解析

在本案例中,需要完成以下主要操作:

- 游动字幕的制作。
- 设置缓出、过卷两个参数,并观察效果。

案例 5　变速游动字幕的制作

操作步骤

1. 打开项目序列

运行 Premiere Pro CS6 软件,在菜单中执行"文件→打开项目"命令(Ctrl＋O 组合键），在弹出的"打开项目"对话框中选择 3.2.1 小节所建立的项目序列，单击"确定"按钮打开项目文件。

2. 导入素材文件

在"项目"窗口空白处右击，在弹出的菜单中选择"导入"选项，导入"3.2 素材"文件夹中的素材 beijing2.jpg。

在时间线将时间指示移至 beijing1.jpg 的最后，将素材 beijing2.jpg 拖至"视频 1"轨道上，在素材上右击，在弹出的快捷菜单中选择"缩放为当前画面大小"，时间线如图 3-28 所示。

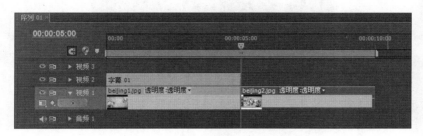

图 3-28　导入素材后的时间线窗口

3. 建立默认游动字幕

在菜单中执行"字幕→新建字幕→默认游动字幕"命令，采用默认设置确定后，会弹出"字幕 02"的编辑窗口。

在"字幕 02"编辑窗口中使用输入工具，将 wenben2.txt 中的文字复制粘贴入文本框，设置字体、字体大小、填充类型、颜色（♯FFFFFF），如图 3-29 所示，使用选择工具适当调整文本框的位置，如图 3-30 所示。

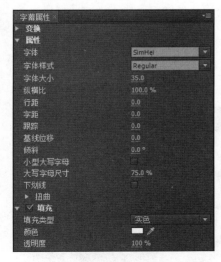

图 3-29　"字幕属性"面板的参数设置

图 3-30　调整后的字幕编辑窗口

4. 建立变速游动字幕

单击"滚动/游动选项"按钮，打开"滚动/游动选项"对话框，可以看到字幕类型为

"左游动",在时间(帧)中勾选"开始于屏幕外",将"缓出"设置为25(在25帧的长度内减速),将"过卷"设置为15(游动后停留15帧),如图3-31所示,单击"确定"按钮。

图3-31　设置"滚动/游动选项"对话框

5. 合成

关闭字幕编辑窗口,在"项目"面板中将"字幕02"拖至"视频2"轨道上,效果如图3-32所示。

图3-32　合成后的时间线窗口

6. 保存预览

在菜单中执行"文件→存储"命令(Ctrl＋S组合键),保存项目,按Space键,可在"节目"监视器面板中预览最终效果,如图3-33所示。

图3-33　最终效果

流程图

本案例的操作流程如图 3-34 所示。

图 3-34　变速游动字幕制作流程图

可以在"滚动/游动选项"对话框中将字幕类型由"左游动"改为"右游动",使字幕的运动方向由左向右,不过这样的字幕出现方式比较少用。

3.3　风格化字幕

Premiere Pro CS6 中提供了许多预设的字幕样式,如图 3-35 所示。单击需要的样式,就可以将该样式应用到字幕。用户也可以根据需要自己设置字幕属性,并将设置好的字幕属性保存为字幕样式,方便以后使用。

图 3-35　字幕样式

3.3.1　样式的使用

当我们设置了一个满意的字幕样式后,单击"字幕样式"面板右上角的按钮 ▤,弹出快捷菜单,如图 3-36 所示。可以利用该菜单中的"新建样式"选项将设置好的样式保存下来。

保存样式的具体操作方法如下。

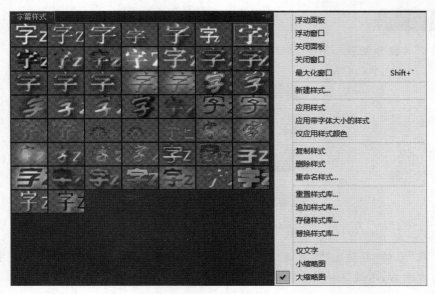

图3-36 弹出的快捷菜单

1. 新建字幕

按照前面学习的方法新建静态字幕"工匠精神",字体设置为"STXingkai(华文行楷)",字体大小设置为"80.0",其他采用默认设置,效果如图3-37所示。

2. 设置样式

选择文字,在"字幕属性"面板中对"类型"进行参数设置:"填充类型"线性渐变;两个色标的颜色为红色(♯FF0000)和白色(♯FFFFFF)。

对"内侧边"进行参数设置:单击内侧边后面的"添加"按钮,"类型"凸出;"大小"15;"填充类型"线性渐变;两个色标的颜色为浅黄色(♯FFD643)和橙色(♯D9340E)。对"外侧边"进行参数设置:单击外侧边后面的"添加"按钮,"类型"凸出;"大小"30;"填充类型"实色;"颜色"白色(♯FFFFFF);完成后的效果如图3-38所示。

图3-37 新建的字幕效果

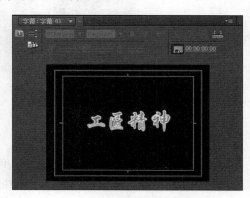

图3-38 设置样式后的效果

3. 保存样式

单击"字幕样式"面板右上角的按钮，弹出快捷菜单，选择"新建样式"选项，在弹出的"新建样式"对话框中输入名称"样式一"，单击"确定"按钮，新建的"样式一"将添加到"字幕样式"面板的最后。

4. 应用样式

新建字幕，在"字幕样式"面板中单击"样式一"，就可以应用该样式。添加"3.3 素材"文件夹中的背景素材 beijing1.jpg。最终合成效果如图 3-39 所示。

图 3-39　最终效果

3.3.2　模板的使用

Premiere Pro CS6 中还提供了许多预设的字幕模板，这些模板设计比较精美，基本可以满足日常工作需要。用户可以根据需要对模板元素进行修改。模板的具体操作方法如下。

1. 打开模板窗口

新建字幕，执行"字幕→模板"命令（Ctrl＋J 组合键），或者单击字幕编辑区上部的"模板"按钮，可以打开"模板"窗口，如图 3-40 所示。

2. 选择和修改模板

在"模板"窗口左边的下拉列表中选择模板类型，在右边预览窗口中就可以看到模板样式。选择合适的模板，单击"确定"按钮，即可应用模板。

"模板"窗口右上角的快捷菜单中提供"导入当前字幕为模板""导入文件为模板"等功能，如图 3-41 所示。

图 3-40 "模板"窗口

图 3-41 弹出的快捷菜单

在"字幕"窗口中,还可以继续设置和修改模板的样式。

3.4 字幕特效实例

案例 6 综合字幕特效的制作

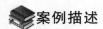案例描述

例 6 综合字幕
特效的制作

字幕效果多种多样、多姿多彩。我们利用一些常用工具,可以随心
所欲进行创作与设计。本案例综合运用本模块所学习的知识点,制作条纹字幕效果,让大
家体会精彩字幕特效的"冰山一角"。

案例解析

在本案例中,需要完成以下主要操作:

- 使用"描边"属性设置,制作三维透视字幕效果,使字幕呈现出立体感。
- 使用"基于当前字幕新建"功能,制作不同颜色的字幕,从而保证两个字幕除颜色外的一致性。
- 使用"百叶窗"视频特效,制作条纹字幕效果,注意相关参数的设置。

操作步骤

1. 新建项目序列

运行 Premiere Pro CS6 软件,选择"新建项目"选项,新建一个项目,在"新建项目"窗口中选择项目文件保存的位置和名称。

单击"确定"按钮,会弹出"新建序列"对话框,选择"序列预设"→"有效预设"→"DV-PAL"→"标准 48kHz"选项,单击"确定"按钮。

2. 导入素材文件

在"项目"窗口空白处右击,在弹出的菜单中选择"导入"选项,导入"3.4 素材"文件夹中的图片和视频素材。

将素材 beijing1.jpg 拖至"视频 1"轨道上,在素材上右击,在弹出的快捷菜单中选择"缩放为当前画面大小"。

3. 新建静态立体字幕

在菜单中执行"文件→新建→字幕"命令(Ctrl＋T 组合键),或者在"项目"窗口空白处右击,在弹出的菜单中执行"新建分项→字幕"命令,采用默认设置确定后,会弹出"字幕 01"的编辑窗口。

在字幕编辑区,使用输入工具或者区域文字工具输入文字"技能成就人生",在"字幕属性"面板中对"属性"进行参数设置:"字体"HYZongYiJ(汉仪综艺体简);"字体大小"55.0;对"填充"进行参数设置:"填充类型"实色;"颜色"♯F1BA00;对"描边"进行参数设置:添加外侧边,"类型"深度;"大小"40.0;"角度"180.0°;"填充类型"实色;"颜色"♯FFFFFF;在"字幕动作"面板中单击"水平居中"按钮 ⬚,设置完成后的效果如图 3-42 所示。

关闭字幕编辑窗口,将"字幕 01"拖至"视频 3"轨道上。

4. 建立不同颜色的字幕

在"项目"窗口双击"字幕 01",打开字幕窗口,单击字幕编辑区左上角的"基于当前字幕新建"按钮 ⬚,采用默认设置确定后,弹出"字幕 02"的编辑窗口,使用输入工具或者区域文字工具选中文字"技能成就人生",在"字幕属性"面板中对"填充"进行参数设置:"颜色"♯DF0800;取消对外侧边的勾选。

关闭字幕编辑窗口,添加视频轨道,将"字幕 02"拖至"视频 4"轨道上,时间线如图 3-43 所示。

图 3-42　设置后的效果

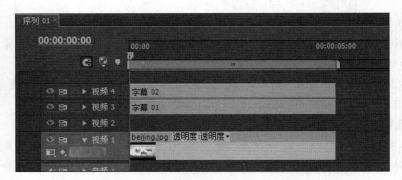

图 3-43　建立了不同颜色字幕的时间线窗口

5. 制作条纹字效果

在"效果"面板中选择"视频特效→过渡→百叶窗"效果,拖曳至"视频 4"轨道的"字幕 02"上,在"特效控制台"窗口中对"百叶窗"进行参数设置:"过渡完成"42%;"方向"45.0°;"宽度"13。

6. 修饰条纹字效果

双击"视频 3"轨道的"字幕 01",再次打开字幕编辑窗口,在"字幕属性"面板中对"阴影"进行参数设置:"颜色"♯000000;"透明度"30%;"角度"100.0°;"距离"12.0;"大小"8.0;"扩散"30.0;关闭字幕编辑窗口。

7. 添加视频特效

将"粒子特效.mp4"拖至"视频 2"轨道上,在素材上右击,在弹出的快捷菜单中选择"缩放为当前画面大小"。选中视频素材,在菜单中选择"素材"→"解除视音频链接"选项,解除素材链接,删除音频。再次在"粒子特效.mp4"上右击,在弹出的快捷菜单中选择"速度/持续时间"选项,在"素材速度/持续时间"对话框中将"持续时间"设置为 5 秒,对话框和时间线如图 3-44 所示。

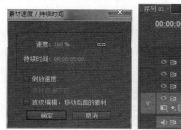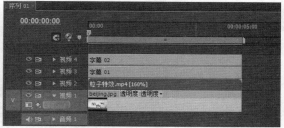

图 3-44　"素材速度/持续时间"对话框和时间线窗口

8. 设置视频混合模式

在"特效控制台"窗口中对"粒子特效.mp4"进行参数设置,在"透明度"选项中设置参数如下:"混合模式"滤色,设置如图 3-45 所示。

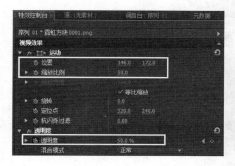

图 3-45　设置的参数

9. 保存预览

在菜单中执行"文件→存储"命令(Ctrl+S组合键),保存项目,按 Space 键,可在"节目"监视器面板中预览最终效果,如图 3-46 所示。

图 3-46　最终效果

流程图

本案例的操作流程如图 3-47 所示。

建立静态字幕

设置为立体字幕

基于当前字幕建立不同颜色的字幕

制作条纹字效果

添加视频混合模式

图 3-47　综合字幕特效制作流程图

课堂练习

1. _____是以各种字体、浮雕和动画等形式出现在荧屏上的中外文字的总称。

2. 字幕类型包括_____、_____和_____三种不同类型。

3. 字幕编辑窗口主要分为五个区域：_____、_____、_____、_____和_____。

4. 滚动字幕可以实现字幕的_____移动,而游动字幕则可以实现字幕的_____移动。

5. 如果让滚动字幕在滚动完毕后,最后一屏停留在屏幕上,应该设置_____参数。

6. 如果让字幕的运动开始于屏幕之外,应该勾选_____参数。

7. 如何基于当前字幕创建新字幕?

8. 如何保存字幕样式?

课后实战

1. 搜集五张身边同学勤奋学习、苦练技能的图片,以"身边的小工匠"为主题制作小短片,要求每张图片使用字幕进行简要介绍,并进行风格化设置。

2. 根据自己的喜好设计字幕样式,以"我喜欢的励志名言"为主题制作短片,要求分别有静态字幕、滚动字幕和游动字幕。

音频应用

影视是一种视听艺术的结合,其中"声音"的创作愈加被艺术创作者们所重视。影视当中的"声音"成为与画面同等重要有时又更为突出的一个主要元素,一个好的视频作品离不开好的背景音乐。音频编辑是制作视频不可缺少的内容,在处理视频时,要根据画面表现的需要,通过背景音乐、旁白和解说等手段来加强主题的表现力。Premiere 提供了较为完善的音频编辑功能,可以灵活地进行音频处理,本模块将介绍音频的相关知识。

4.1 音频的基础知识

在开始使用 Premiere 的音频功能之前,需要对音频相关术语有一个基本的了解。

1. 单声道

单声道的音乐文件只有一个声道,是比较原始的声音形式。

2. 双声道

双声道音频文件具有两个声道,也称为立体声文件。但双声道不等于立体声,双声道录放系统由左、右两组拾音器录音,两个声道存储和传送,两组扬声器放音,所以也称为 2-2-2 系统。

3. 立体声

立体声是指具有立体感的声音。在三维空间中声源有确定的空间位置,声音有确定的方向来源,人们的听觉有辨别声源方位的能力。特别是有多个声源同时发声时,人们可以凭听觉感知各个声源在空间的位置分布状况。从这个意义上讲,自然界所发出的一切声音都是立体声。立体声分为左右两个声道,它源于双声道的原理,但于双声道不是同一个概念,二者有一定的因果关系。

4. 声道

5.1 声道是由中央声道,前置左、右声道,后置左、右环绕声道及重低音声道组成,一套系统共可以连接 6 个喇叭。5.1 声道已广泛运用于各类传统影院和家庭影院中。

5. 数字信号

在时间和幅度上都是用连续的声音表示的信号称为模拟信号,在时间和幅度上都是用离散的数字(0和1)表示的信号称为数字信号。声音进入计算机后首先要进行数字化,或者进行采样。

6. 声音采样

声音采样就是把模拟音频转成数字音频的过程,所用到的主要设备便是模拟/数字转换器(Analog to Digital Converter,ADC,与之对应的是数/模转换器,即 DAC)。采样的过程实际上是将通常的模拟音频信号的电信号转换成二进制码0和1,这些0和1便构成了数字音频文件。采样的频率越大则音质越有保证。由于采样频率一定要高于录制的最高频率两倍才不会产生失真,而人类的听力范围是 20Hz~20kHz,所以采样频率至少不低于 $20k \times 2 = 40kHz$,才能保证不产生低频失真,这也是 CD 音质采用 44.1kHz(稍高于 40kHz 是为了留有余地)的原因。

案例7 众志成城、抗击疫情——卡通声音展现

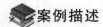案例描述

运用"PitchShifter"声音特效将普通声音变为卡通声音效果,然后添加"延迟"效果使声音更有磁性。使用"音量"动画效果改变声音的高低起伏,再加入背景音乐的"淡入/淡出"效果,为整个背景音乐增加了现场播放的真实效果。本案例将两首不同歌曲进行切换组成新的歌曲,提高学生创新意识,希望同学们在听到自己编辑的新歌曲时,更能激发起内心众志成城、抗击疫情的磅礴力量,打赢疫情防控阻击战,我们有信心,我们有能力!

案例7 众志成城、
抗击疫情——
卡通声音展现

案例解析

在本案例中,需要完成以下操作:

- 为"众志成城、抗击疫情"音频文件添加"PitchShifter"特效。
- 用剃刀工具切割"众志成城、抗击疫情"音频文件。
- 为"众志成城、抗击疫情"后段音频文件添加"延迟"特效。
- 为"众志成城、抗击疫情"后段音频文件添加"音量"动画效果。
- 改变"众志成城、抗击疫情"后段音频文件的播放速度。
- 为"我相信"音频文件添加"淡入/淡出"效果。

操作步骤

1. 导入素材

(1) 新建项目,命名为"众志成城、抗击疫情——卡通声音展现",选择 DV PAL→"标

准 48kHz"模式。

（2）导入音频文件"众志成城、抗击疫情"和"我相信"。

（3）将"众志成城 抗击疫情"音频文件导入到音频轨道 1 上，并在时间线面板中输入时间码"13207"，按"回车键"就会将"时间指示器"移到 00:01:32:07 的位置，选择"剃刀工具"在音频轨道 1 上单击，将音频后半段删除，如图 4-1 所示。

图 4-1 导入音频文件

2. 为素材添加"PitchShifter"特效

（1）打开"效果"面板，将音频特效中的"PitchShifter"特效添加到"音频 1"轨道的素材上，如图 4-2 所示。

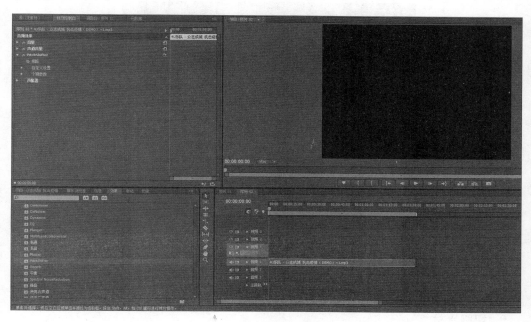

图 4-2 添加"PitchShifter"特效

（2）打开"特效控制台"面板，展开变调中自定义面板，将 Formant Preserve 项前面的 ☑ 去掉，如图 4-3 所示。

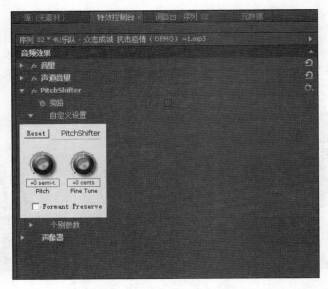

图 4-3　不勾选"Formant Preserve"

（3）再展开"个别参数"中的 Pitch 项，一边听音频文件一边向右调整滑块到适合位置，如图 4-4 所示。

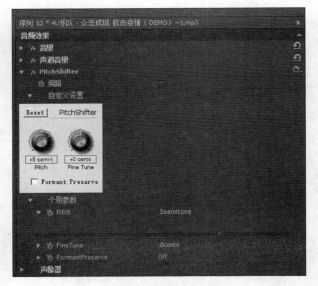

图 4-4　设置"Pitch"项

3. 切割素材

在时间线面板中输入时间码"2409"，按"回车键"就会将"时间指示器"移到 00：00：24：09 的位置，选择"剃刀工具"在音频轨道 1 上单击，然后将"时间指示器"移到"5410"，按"回车键"就会将"时间指示器"移到 00：00：54：10 的位置，选择"剃刀工具"在音频轨道 1 上单击，将音频文件中间部分删除，如图 4-5 所示。

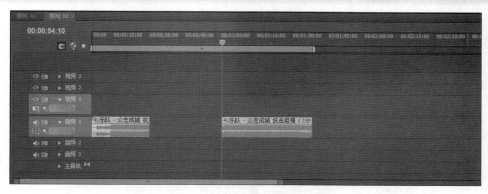

图 4-5　切割音频文件

4．为后段素材添加"延迟"特效并设置"音量"效果

（1）将"延迟"声音特效添加到后段音频上，并设置参数如图 4-6 所示。

图 4-6　设置"延迟"参数

（2）在"音频特效"面板上打开音量中的级别项，把"时间指示器"移到 00：01：55：07 处，并将"级别"设为"6dB"，如图 4-7 所示。

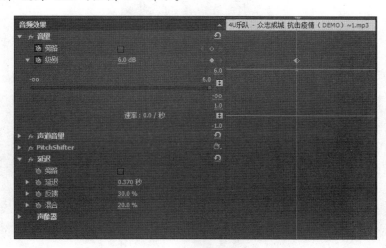

图 4-7　设置"级别"参数 1

（3）在 00：00：54：10 处添加一个关键帧，把级别改为"－1.7dB"，如图4-8所示。

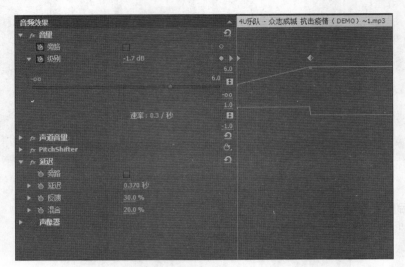

图 4-8　设置"级别"参数 2

5. 改变后段音频的播放速度

（1）选择后段音频，单击"素材"菜单中的"素材速度/持续时间"，在打开的对话框中设置速度为"95％"，并选中"保持音调不变"选项，如图4-9所示。

图 4-9　设置"素材速度/持续时间"参数

（2）将"我相信"音频文件导入轨道2，如图4-10所示。

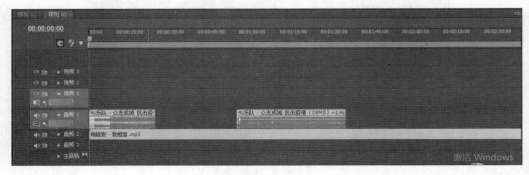

图 4-10　导入音频 2 文件

6. 处理轨道 2 上的音频文件并添加"淡入/淡出"效果

（1）在时间线面板中输入时间码"1516"，按回车键就会将"时间指示器"移到 00：00：15：16 的位置，选择"剃刀工具"在音频轨道 2 上单击，将前面素材删掉，将"时间指示器"移到"5204"，按回车键就会将"时间指示器"移到 00：00：52：04 的位置，选择"剃刀工具"在音频轨道 2 上单击，将音频文件后半部分删除。

（2）将音频 2"我相信"移动到 00：00：22：05 的位置，将音频 1"众志成城、抗击疫情"后半段素材移动到 00：00：55：18 的位置，这样两条不同歌曲达到无缝衔接，如图 4-11 所示。

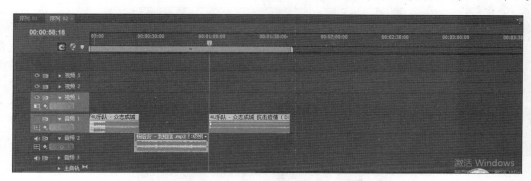

图 4-11　音频 1 和音频 2 无缝衔接

（3）将"时间指示器"拖到 00：00：24：09 处，选择轨道 2 上的音频素材，单击轨道上的"添加/移除关键帧"按钮，为素材添加一个关键帧，同样在 00：00：22：05 处再添加一个关键帧，并拖动关键帧到最小音量处。

（4）将"时间指示器"拖到 00：01：35：16 处，选择轨道 1 上的音频素材，单击轨道上的"添加-移除关键帧"按钮，为素材添加一关键帧，同样在 00：01：38：04 处再添加一关键帧，并拖动关键帧到最小音量处。如图 4-12 所示。

图 4-12　设置音频 1 和音频 2"淡化线"

7. 测试播放效果并导出文件

【小技巧】　输入时间时可以直接输入数字将前面的"0"和"："去掉，例如：00：02：13：34 可直接输入：21334。

流 程 图

本案例的操作流程如图 4-13 所示。

图 4-13　卡通声音展现流程图

4.2　音频轨道

音频轨道是放置音频素材的轨道，它的使用方法与视频轨道的使用方法大致相同。

4.2.1　音频轨道控制

打开与关闭：单击轨道左端的"切换轨道输出"按钮，可以打开或关闭音频轨道。轨道被关闭后，播放时不会播放该轨道的声音。

锁定与解锁：单击"同步锁定开关"，表示该轨道处于锁定状态，不能编辑，再次单击可以解除锁定。

设置显示样式：单击"设置显示样式"按钮，在出现的菜单中选择"显示波形"命令，可以精确地显示声音的波形信息，如图 4-14 所示。

图 4-14　设置显示样式

92

4.2.2　音频轨道分类

1. 按声道数目分

单声道音轨：放单声道文件。

立体声音轨：放立体声文件。是最常见、应用最多的音轨。

5.1 声道音轨：存放 5.1 声道文件。

2. 按功能分

普通音轨：包含实际的音频信息。

混合音轨（子混合轨道）：进行分组混音，统一调整音频效果。

主音轨：汇集所有音频轨道的信号，重新分配输出。

4.2.3　添加和删除音频轨道

系统默认的音频轨道有 4 个，分别是 3 个音频轨道和 1 个主轨道，在应用时，音频轨道的数目和类型可以根据我们的需要添加和删除。

1. 添加音频轨道

（1）在轨道前空白处右击，在快捷菜单中选择"添加轨道"命令，如图 4-15 所示，打开"添加视音轨"对话框。

图 4-15　添加轨道

（2）在对话框中设置添加音轨的个数，选择轨道类型及放置的位置，单击"确定"按钮，如图 4-16 所示。

2. 删除音频轨道

在需要删除的音频轨道前右击，在快捷菜单中有两个"删除轨道"命令，选择上面的"删除轨道"命令，会打开"删除轨道"对话框，可以根据需要删除任意一个或所有空闲的音频或视频轨道，如果选择下面的"删除轨道"命令，只能删除当前的音频或视频轨道。

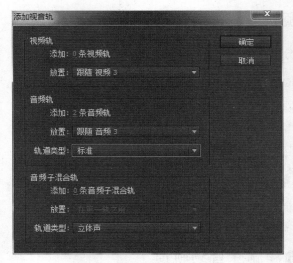

图 4-16 "添加视音轨"对话框

4.3 编辑音频

　　在 Premiere 中使用多种方法来编辑音频,用户可以像编辑视频一样,使用"剃刀工具"在时间线中分割音频,只需单击并拖曳素材或素材边缘即可。如果需要单独处理视频的音频,则可以解除音频与视频的链接。如果需要编辑旁白或声音效果,可以在"源"监视器中为音频素材设置入点和出点。Premiere 还允许从视频中提取音频,这样该音频就可以作为另一个内容源出现在"项目"面板中。

4.3.1 在时间线上编辑音频

　　Premiere 是一个简单的音频编辑程序,因此可以在时间线面板对音频进行一些简单的编辑。要使时间线面板更好地适用于音频编辑,可以按以下步骤设置时间线。

1. 设置时间线

　　(1)把素材添加到时间线面板上。

　　(2)单击"折叠—展开轨道"按钮 ▶,展开音频轨道。

　　(3)单击时间线面板中的"设置显示样式"图标 ,然后从弹出菜单中选择"显示波型"命令。

　　(4)单击并向左拖曳"缩放滑块"来放大标尺,如图 4-17 所示。

　　(5)使用编辑工具编辑音频,可以单击并拖曳素材边缘来更改音频的入点和出点,还可以激活"工具"面板中的"剃刀"工具 ,并使用该工具在特定点处单击来分割音频,如图 4-18 所示。

图 4-17 设置"缩放滑块"

图 4-18 切割音频文件

2. 解除音频和视频的链接

如果想单独编辑音频撇开视频文件,可以解除视音频链接。

方法:在时间线面板上选择音视频文件,然后执行"素材→解除视音频链接"命令(或在右键快捷菜单中选择此命令)即可。

如果想暂时解除视音频的链接,可以按住 Alt 键,单击并拖曳素材的音频或视频部分。在释放鼠标之前,系统认为音频和视频素材处于链接状态,但是不同步。

3. 重新链接视音频文件

如果需要重新链接视音频文件,可以在时间线面板上按住 Shift 键选择要链接的音频和视频文件,然后执行"素材→链接视频和音频"命令(或在右键快捷菜单中选择此命令)即可。

4.3.2 改变"素材速度/持续时间"

对于音频持续时间的调整,主要通过"入点""出点"的设置来进行。

可以在音频轨道上使用对"入点"和"出点"的设置来进行设置与调整的各种工具进行剪辑,也可以结合"源"监视器面板进行素材的剪辑。

选择要调整的素材,执行"素材→素材速度/持续时间"命令,打开"素材速度/持续时间"对话框,在"持续时间"栏可以对音频的持续时间进行调整。

注意：改变音频的播放速度会影响音频播放的效果，音调会因速度提高而升高，因速度的降低而降低。改变了播放速度，播放的时间也会随之改变。这种改变与单纯改变音频素材的"入点"与"出点"而改变持续时间不同。

4.3.3 调整素材音量

1. 通过"音频增益"调整

音频增益命令通过提高或降低音频增益（以分贝为单位）更改整个素材的声音级别，增益变大，则音量变大，增益变小，则音量变小。

通过"淡化线"或"音量特效"调整音量，会无法判断其音量与其他音频轨道音量的相对大小，也无法判断音量是否提得太高，以致出现失真。而使用音频增益工具所提供的标准化功能，则可以自动把音量提高到不产生失真时的最高音量。

如果轨道上有多段音频素材，为避免声音时大时小，就需要通过调整增益平衡音量。使用音频增益的标准化功能，可以把所选素材的音量调整到几乎一致。同时调整多段素材增益的方法是：选中音轨上的多段素材，右击，在快捷菜单中选择"音频增益"选项，在"音频增益"对话框（见图 4-19）中的"标准化所有峰值为"选项进行设置，然后单击"确定"按钮。

图 4-19 设置"音频增益"对话框

2. 通过"特效控制台"调整

选择音频轨道上的素材，打开"特效控制台"面板，单击"音量"旁的三角按钮展开其参数，调节"级别"的值就可以改变音量；选择"旁路"则会忽略所做的调整。结合关键帧调整音量，可以创建音量的变化效果，如图 4-20 所示。

3. 在音频轨道上调整

单击音频轨道上的"显示关键帧"按钮，选择"显示素材音量"，如图 4-21 所示，然后上下拖动淡化线（黄色水平线）即可调整音量。

图 4-20 设置"音量"参数

图 4-21 调整音量

4. 音量的"淡入"和"淡出"效果编辑

Premiere 提供了用于"淡入"或"淡出"素材音量的各种选项,用户可以"淡入"或"淡出"素材,并使用"特效控制台"面板中的"音频效果"更改其音量,或者在素材的开始和结尾处应用交叉淡化音频过渡效果,以此"淡入"或"淡出"素材。

方法:在时间线中使用"选择工具"或"钢笔工具"创建关键帧,并根据需要拖曳关键帧图形线来调整音量。

为了让声音变化柔和,可将直线调整成曲线,方法:按住 Ctrl 键,在关键帧上拖动,然后拖动控制手柄调节曲率。

在淡化声音时,可以选择淡化轨道的音量或素材的音量,注意,将音量关键帧应用到一个轨道(而不是素材)并删除该轨道中的音频后,关键帧仍然保留在轨道中,如果将关键帧用于一个素材并删除该素材,那么关键帧也将被删除。

4.4　音频转场和音频特效

4.4.1　音频转场

在音频素材之间使用转场,可以使声音的过渡变得自然,也可以在一段音频素材的"入点"或"出点"创建"淡入"或"淡出"效果。Premiere 提供了三种切换方式:"恒定功率""恒定增益"和"指数型淡入淡出"效果。

默认转场方式为"恒定功率",它将两段素材的淡化线按照抛物线方式进行交叉,而"恒定增益"则将淡化线直线性交叉。一般认为"恒定功率"转场更符合人耳的听觉规律;"恒定增益"可以创造精确的淡入和淡出效果,但缺乏变化,显得机械;"指数型淡入淡出"可以创建弯曲淡化效果,它通过创建不对称的指数型曲线来创建声音的淡入淡出效果。

与添加视频切换的方法相同,将"音频过渡"效果文件夹内的切换效果拖到音频轨道素材上,即可添加该效果。

注意:在创建音频切换效果之前,必须确保"显示关键帧"弹出菜单没有设置为"显示轨道关键帧"或"显示轨道音量",否则将无法应用切换效果。

下面我们通过一个案例来学习音频转场特效的应用。

(1) 新建项目文件,导入"风吹麦浪"和"栀子花开"音频素材,并将其添加到音频轨道 1 中相邻摆放,如图 4-22 所示。

图 4-22　添加音频文件

（2）打开"效果"面板，展开"音频过渡"文件夹中的"交叉渐隐"文件夹，如图4-23所示。

（3）将"恒定功率"效果拖到音频轨道的两个素材之间，然后释放鼠标，即可在时间线中看到切换效果，如图4-24所示。

（4）打开"特效控制台"面板，在"持续时间"上单击，然后输入所需的持续时间，可以改变过渡效果的持续时间，如图4-25所示。也可以单击"特效控制台"面板或时间线面板中的过渡效果图标的任意端点并拖曳它，从而增加其持续时间。

图4-23 效果面板

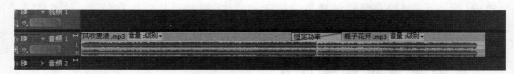

图4-24 添加转场效果

图4-25 设置"恒定功率"参数

（5）其他特效的设置方法与此相同。

4.4.2 音频特效

使用Premiere提供的音频特效，可以对音频素材的音质、声道、声调等多种属性进行调整，使声音更具表现力。Premiere的音频特效放置在"效果"面板中，像应用视频特效一样，只需把音频特效拖到时间线的音频素材上，即可为素材应用特效。选择添加了特效的素材，打开"特效控制台"面板，可详细调整特效的各项参数。也可以展开特效的"个别参数"列表，然后通过添加关键帧，在不同的时间点创建变化的特效效果。

为了更好地解读每个特效，可以在阅读每个效果的概述时，实际应用一下这些效果。下面将这些特效的功能加以介绍。

1. 选频

选频特效可以删除超出指定范围或波段的频率。

- 中置：用来确定中心频率范围。
- Q：用来确定被保护的频率带宽。Q值设置较低，则建立一个相对较宽的频率范围，Q值设置较高，则建立一个较窄的频率范围。

2. 多功能延迟

多功能延迟(Multitap Delay)特效可对延时效果进行更高程度的控制,在电子舞蹈音乐中能产生同步、重复回声效果,可以对素材中的原始音频添加多达 4 次回声。

3. 多频段压缩器

多频段压缩器(Multiband Compressor)特效可实现分频段控制的压缩效果。当需要柔和的声音压缩器时,使用这个效果会更有效。"自定义设置"对话框中的"频率"选项组显示了高、中、低三个频段,通过调整增益和频率的手柄可以对其进行控制。

4. 均衡器

均衡器(EQ)特效可剪切或放大特定频率范围,并且可充当"参量均衡器",这些均衡器用于准确实现特定频率上的音频校正,EQ 控制频率、带宽和使用几种频率带的级别(低、中和高)。

5. 低通

使用低通(Lowpass)特效,高于指定频率的声音会被过滤,可将声音中的高频部分滤除。调节"屏蔽度"参数可以设定一个频率值,高于此值的声音被滤除。

6. 低音

低音(Bass)特效会增大或减小低音频率(200Hz 或更低)的电平,但不会影响音频的其他部分。增加参数"放大"的值,低音音量就提高,反之则降低。

7. 平衡

平衡(Balance)特效用来控制左右声道的相对音量。调节"特效控制台"面板中的"平衡"滑块可改变左右声道的音量,正值可增加右声道的音量比例,负值可增加左声道的音量比例。

8. 镶边

镶边(Flanger)特效可以创造非常丰富的音色效果,与 Chorus 特效类似,可以将原始声音的中心频率反向并与原始声音混合,使声音产生一种推波助澜的效果。

9. 静音

应用静音特效能产生静音效果。

10. 使用右声道

使用右声道(Fill Right)特效后,只使用声音片断中的右声道部分的音频信号。

11. 使用左声道

使用左声道(Fill Left)特效后,只使用声音片断中的左声道部分的音频信号。

12. 互换声道

互换声道(Swap Channels)特效会将立体声素材左右声道的声音交换,主要用于纠正录制时连线错误造成的声道反转。当视频画面采用了水平反转处理时,也可采用这一音频特效,以保证声源位置与画面主体位置一致。

13. 动态

动态(Dynamics)特效用来调整音频的不同选项集。
- AutoGate:此选项关闭不必要的音频信号门,在不必要的信号级别降低到阈值控制的声音的级别设置之下时,该选项会移除这些信号,当信号超出阈值时,由Attack选项确定音频信号门打开的时间间隔,Release选项确定音频信号门关闭的时间间隔,在信号降到阈值以下时,由Hold时间确定音频信号门处于打开状态的持续时间。
- Compressor:此选项通过提高柔和声音的级别,并降低喧闹声音的级别来均衡素材的动态范围。
- Soft Clip:用于减少信号峰值时的剪辑。

14. 去除指定频率

去除指定频率特效用于去除靠近指定中间频率的频率。
- 中心:用于指定被删除的频率。
- Q:用于设置被影响的频率范围。值越低,范围越大;值越高,范围越小。

15. 参数均衡

参数均衡(Parameticra EQ)特效实现参数化均衡效果,可以更精确地调整声音的音调。可以增大或减少与指定中心频率接近的频率,它比EQ更为有效。

16. 反相

反相(Invert)特效将所有的声道相位颠倒。

17. 变调

变调(PitchShifter)特效用来调整输入信号的定调,可以实现变调效果。
- Pitch(定调):设定音调改变的半音程。
- Fine Tune(微调):在Pitch设定的范围内进行细微调整。
- Formant Preserve(保持共鸣峰):控制变调时音频共鸣峰的变化。当对人声进行变调处理时,使用该效果,可防止出现类似卡通片人物的声音。

18. 和声

和声(Chorus)特效可以创造"和声"效果。它将一个原始声音复制,并将复制的声音作降调处理,或者将其频率稍加偏移,以形成一个效果声,然后将效果声与原始声音混合后播放。对于仅包含单一乐器或语音的音频信号来说,运用"和声"特效通常可以取得较好的效果。

19. 声道音量

声道音量(Channel Volume)特效用于调整立体声、5.1声道素材或其他轨道中的声道音量,与参数均衡不同,声道音量独立于其他声道来对声道进行调整。

20. 声音相位

声音相位(Phaser)特效用于将音频中的一部分频率的相位发生反转,并与原音频混合。

21. 延迟

延迟(Delay)特效在指定的时间后重复播放声音,用于为声音添加回声效果。
- 延迟:设置回声播放前的时间(0～2秒)。
- 反馈:添加到音频的回声百分比,百分比越大,回声的音量越大。
- 混合:用来设置回声的相对强度,值越大,回声的强度越大。

22. 消除爆音

消除爆音(Decrackler)特效用于消除音频恒定的背景爆裂声。

23. 消除丝声

消除丝声(DeEsser)特效可以去除齿擦音以及其他高频"sss"类型的声音。

24. 消除噪声

消除噪声(DeNoiser)特效会自动从音频中移除噪声。

25. 消除喀嗒声

消除喀嗒声(DeClicker)特效去除咔嚓声。

26. 消除嗡嗡声

消除嗡嗡声(DeHummer)特效可以消除"嗡嗡声"。
- ReDuction:设置减少量。
- Frequency:设置嗡嗡声的中心频率。

27. 混响

混响（Reverb）特效可以模拟在房间内部播放声音的效果，能表现出宽阔、传声真实的效果。首先要设定房间大小，然后再调整其他参数。
- Pre Delay：声音传播到反射墙再传回来的时间。
- Absorption：声音吸收的程度。
- Size：房间的相对大小。
- Density：混响"尾部"的密度。Size 的值越大，Density 的范围就越大（0.00%～100.00%）。
- LoDamp：低频衰减部分，以阻止隆隆声或其他噪声产生混响。
- HiDamp：高频衰减部分，较低的 HiDamp 值可以使混响听起来更柔和。
- Mix：混响量。

28. 音量

音量（Volume）特效可以在其他效果之前先渲染音量。"音量"效果通过阻止在提高音量时进行剪辑来防止失真。

29. 频谱降噪

频谱降噪（Spectral Noise Reduction）特效在减少嗡嗡声和啸声噪声时提供频谱音频显示，该效果使用 3 个过滤器解决音频问题，通过单击过滤器复选框，可以打开或关闭 3 个过滤器中的任何一个，激活一个过滤器之后，就可以使用该过滤器的频率控件和减少控件了，频率选项控制特定过滤器的中心频率，以减少选项控制的减少量。

30. 高通

高通（Hightpass）特效低于指定频率的声音会被过滤掉，可以将声音中的低频部分滤除，其参数设置与低通音频特效一样。

高通和低通的音频效果，可用于以下几种情况。
- 增强声音。
- 避免设备超出能够安全使用的频率范围。
- 创造特殊效果。
- 为具有特定频率要求的设备输入精确的特定频率。比如用低通音频特效为超低音喇叭输入特定频率的声音。

31. 高音

高音（Treble）特效能增大或减小高音频率（4000Hz 或更高）的电平，但不会影响音频的其他部分。

下面我们通过案例"卡拉 OK 的制作"来学习音频特效的应用。

（1）新建项目文件，导入音频素材"栀子花开"和"栀子花开伴奏"。

（2）打开"源"监视器面板，试听，为两个素材在相同位置各添加一个标记（可以在歌曲的最突出的地方添加标记，不一定是开头），如图 4-26 所示。

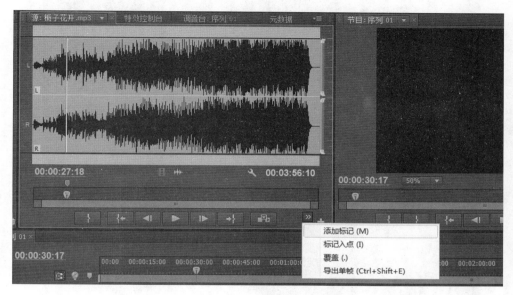

图 4-26　为素材添加标记

（3）将两个素材分别添加到"音频 1"和"音频 2"轨道上，并对齐标记（这样播放的进度相同，不会有重音出现），如图 4-27 所示。

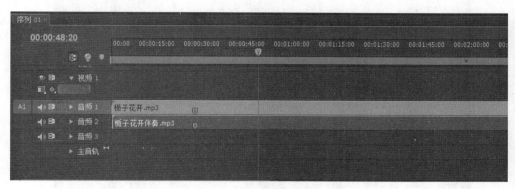

图 4-27　对齐标记

（4）展开"效果"面板中的音频特效，将"平衡"特效添加到"栀子花开"上，打开"特效控制台"面板，展开"平衡"效果，设置平衡参数为"-100.0"，如图 4-28 所示。

（5）同样，将"平衡"特效添加到"栀子花开伴奏"上，并设置平衡参数为"100.0"，如图 4-29 所示。

（6）这样，卡拉 OK 的声音部分就完成了，再加上视频及字幕，就是一首完整的卡拉 OK 了。导出后，播放时选择"左声道"或"右声道"，如图 4-30 所示。

图 4-28　设置"平衡"参数

图 4-29　添加"平衡"特效

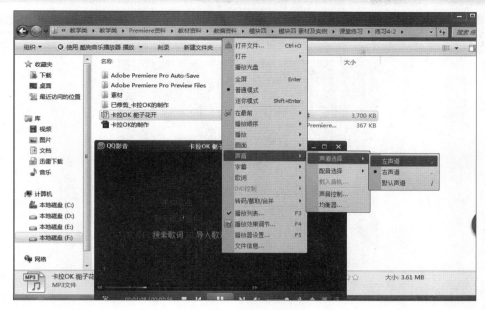

图 4-30　设置播放效果

案例 8　向"逆行者"致敬—— 创建 5.1 声音

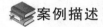 **案例描述**

案例 8　向"逆行者"致敬—— 创建 5.1 声音

　　通过录制简单的单声道声音文件，并复制到各声道，然后经过"声像控制器"的设置，变为复杂的 5.1 声道的音频文件，使声音更加饱满圆润。再加上中间每个声道的过渡效果，产生合—分—合的声音效果。本案例素材由老师带来的经典朗诵《此刻的你们，此刻的中国》，希望同学们能够深刻感受到此时此刻我们的岁月静好，是因为有那么多"逆行者"为我们负重前行，身为一名中国人，我们无比骄傲和自豪！

案例解析

　　在本案例中，需要完成以下操作：
- 通过调音台中的录音功能录制声音。
- 新建 5.1 音轨。
- 复制音频文件到各音轨。
- 在调音台中为各音轨重命名。
- 设置声像控制器。

操作步骤

1. 录制声音

（1）准备好声音的输入设备（这里我们用的是麦克风），打开调音台面板，单击要放置

声音的轨道上的"激活录制轨"按钮 R ,然后单击"录制"按钮 ⚫ ,再单击"播放/停止切换"按钮,即可开始录制声音,如图 4-31 所示。

图 4-31 "调音台"面板

（2）再次单击"播放/停止切换"按钮或"录制"按钮,就可以结束声音的录制。

这时在"项目"面板中会自动添加刚录制的声音文件,同时,时间线面板中相应的音频轨道上也会自动放置刚录制的声音,如图 4-32 所示。

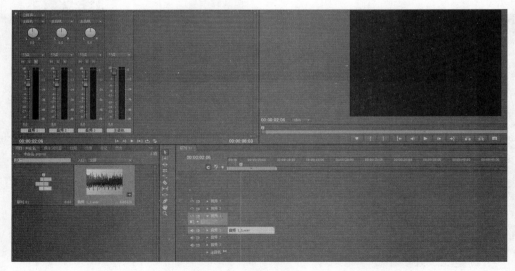

图 4-32 录制声音文件

【小提示】 如果单击"激活录制轨"按钮 R 时,出现如图 4-33 所示的对话框,就需要修改设置,具体操作步骤如下。

① 执行"编辑→首选项→音频硬件"命令,在打开的对话框中选择"ASIO 设置"按钮,如图 4-34 所示。

② 在打开的"音频硬件设置"对话框中选择"输入"选项卡,并选中"麦克风(RealtekHigh Definition Au)"项,如图 4-35 所示。

图 4-33　"音频录制"对话框

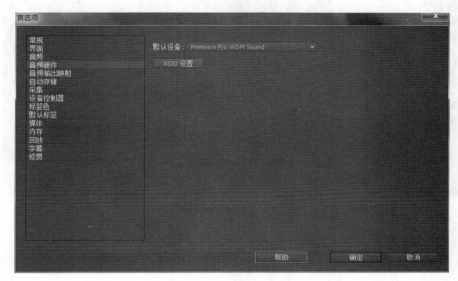

图 4-34　"首选项"对话框

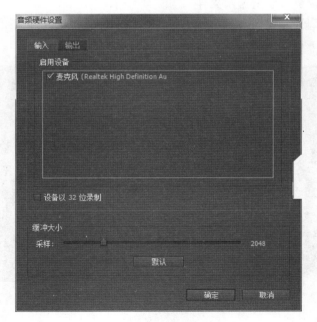

图 4-35　"音频硬件设置"对话框

2. 新建5.1序列

单击"轨道"选项卡，设置视频轨道数为1，主音轨选择"5.1"，立体声为"0"，连续单击"＋"按钮，直至将单声道设为"7"，单击"确定"按钮，如图4-36所示。

图4-36 "新建序列"对话框

【小提示】 如果我们用已有的声音素材，但素材不是单声道文件，必须将素材选变为单声道文件，设置方法：选择"项目"面板中的音频素材文件，执行"素材→音频选项→强制为单声道"命令。

3. 在轨道上按要求切割音频文件

（1）将刚才录制的"此刻的你们，此刻的中国"朗诵素材拖入序列2的音频轨道1上，选择剃刀工具，把声音文件分为头、中、尾三部分，如图4-37所示。

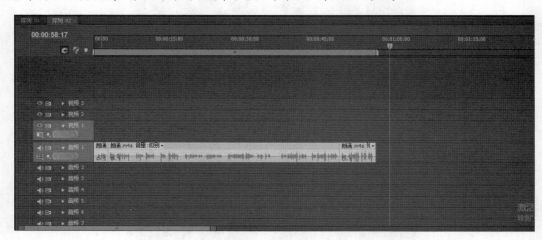

图4-37 切割音频文件1

（2）同样再把中间部分切割成六段，如图4-38所示。

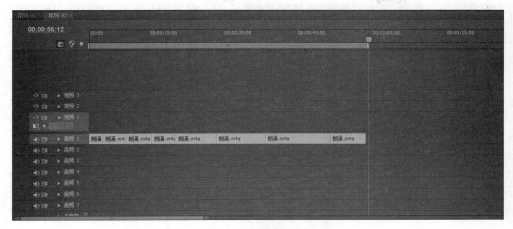

图 4-38　切割音频文件 2

4．复制并排列文件

（1）选择第一段文件，右击，在快捷菜单中选择"复制"选项，选择音频 2 轨道，将时间指示器移到开始位置，右击，在快捷菜单中选择"粘贴"选项。

（2）用同样的方法把文件复制到"音频 3"～"音频 6"轨道上。

（3）将中间的 6 段文件按尾连头的方式分别拖放到不同的音轨上，如图 4-39 所示。

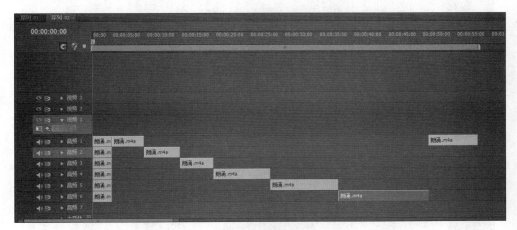

图 4-39　复制排列音频文件 1

（4）用步骤（1）的方法将最后一段文件分别复制到"音频 2"～"音频 6"轨道并对齐排放，如图 4-40 所示。

【小技巧】　在时间线中复制文件时，可按住 Alt 键，拖动所选文件。

5．为 5.1 音轨重命名并设置声像控制器

（1）打开"调音台"面板，在第一个音轨下面"音轨 1"名称框中单击，将文字删除并输入"前左"，如图 4-41 所示。

（2）用同样的方法为后面 5 个分别重命名为"前右""中央""后左""后右""重低音"，如图 4-42 所示。

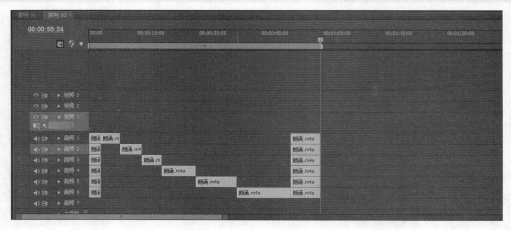

图 4-40　复制排列音频文件 2

图 4-41　为"音轨 1"重命名

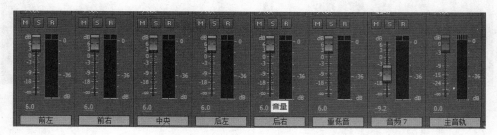

图 4-42　为其他"音轨"重命名

（3）将"前左"音轨"声像控制器"上的黑色圆点拖到左上角位置，并把右侧"中心百分比"调到 100％ 的位置，如图 4-43 所示。

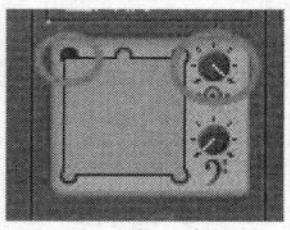

（4）用同样的方法将"前右"调到右上角，"中央"调到上面中间，"后左"调到左下角、"后右"调到右下角，"重低音"保持不变。并将所有轨上的"中心百分比"都调到最大位置。

图 4-43　调节"中心百分比"

（5）最后将"重低音"轨上"声像控制器"右下角的"重低音音量"调到正中位置，如图 4-44 所示。

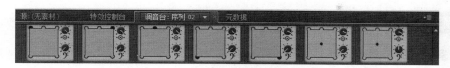

图 4-44 设置"声像控制器"

6. 添加背景音乐

（1）导入背景音乐"万疆"，并添加到序列 2 的音频轨道 7 上，在调音台面板中调整音轨 7 的音量到适当大小，如图 4-45 所示。

图 4-45 调整音量

（2）将背景音乐多余的部分切割并删除，如图 4-46 所示。

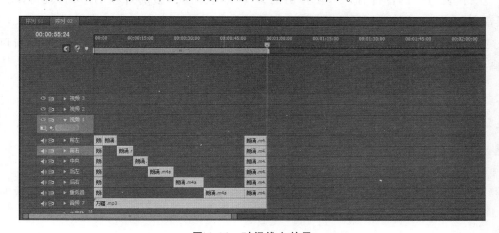

图 4-46 时间线上效果

7. 测试效果并导出文件

略。

流 程 图

本案例的操作流程如图 4-47 所示。

图 4-47　创建 5.1 声音流程图

4.5　调 音 台 的 使 用

Premiere 提供了一个可以对音频的播放效果进行实时控制,在播放声音的同时就能调节音量大小和声音的左右平衡,并且可以调整音频级别、渐强和渐弱效果、平衡立体声的录制音频的工具——调音台。

4.5.1　调音台详解

执行"窗口→调音台"命令,在弹出的菜单中选择要调整的音频的序列,就可以打开"调音台"面板,如图 4-48 所示。

执行"窗口→调音台"命令,将弹出"调音台"面板,面板中的轨道数是和时间线窗口中的轨道数对应一致的,如图 4-49 所示。

下面对面板中的主要参数进行简单介绍。

1. 自动控制

该项中包含五种类型,各具体含义如下。

- 关:关闭选项,在重新播放素材时忽略音量和平衡的相关设置。
- 只读:自动读取选项,自动读取存储的音量和平衡的相关数据,并在重新播放时使用这些数据进行控制。

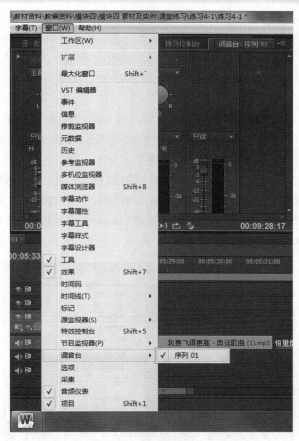

图 4-48 "窗口"菜单项

图 4-49 "调音台"面板

- 锁存：与"写入"一样，能自动读取存储的音量和平衡的相关数据，记录音频素材在音频混合器中的所有操作步骤，保存到轨道，并在反映音频调整的时间线面板中创建关键帧，但是，只有开始调整之后自动化才开始。不过，如果在重放已记录自动模式设置的轨道时更改设置，那么这些设置在完成当前调整之后不会回到以前的级别。

- 触动：与"锁存"一样，能自动读取存储的音量和平衡的相关数据；并能对音量和平衡的变化进行纠正。但是，如果在重放已记录自动模式设置的轨道时更改设置，那么这些设置将会回到它们以前的级别。

- 写入：自动读取存储的音量和平衡的相关数据，并能记录音频素材在音频混合器中的所有操作步骤，保存到轨道，并在反映音频调整的时间线面板中创建关键帧。

注意：在选择"写入"自动模式后，可以选择"切换到写后触动"选项，这样会将所有轨道从"写入"模式变为"触动"模式，如图 4-50 所示。

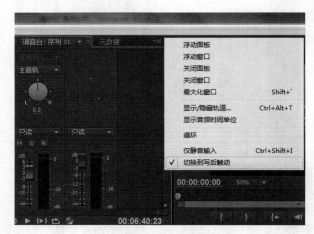

图 4-50 "切换到写后触动"项

2. 平衡控制器

用于把单声道的音频素材在左右声道进行切换，也可以将其平衡为立体声音频。每个混音轨道上包括了一个平衡控制器，可以直接拖动平衡按钮，或在按钮下方的文本框中输入数值后按 Enter 键完成设置。

3. 播放状态

在音频混音器的每个音频轨道上用相应的按钮来代替播放音频时的状态。

- 静音轨道（M）：选择此项，播放时该轨道上的音频素材为静音状态。
- 独奏轨道（S）：选择该项只播放该轨道上的音频，其余音频轨道上的素材为静音状态。
- 激活录制轨（R）：选择该项，会在所选轨道上录制声音信息，这样可以非常方便地进行后期配音。

4. 播放控制

在混音器窗口底部有一排控制播放的按钮,其用法与监视器窗口中对应的按钮相同,在此就不再重复。

4.5.2 录制音频素材

调音台提供了录音功能,可以直接完成解说或配音的工作。录制的声音会成为音频轨道的音频素材。下面主要以使用麦克风录制声音为例来进行讲解,具体步骤如下。

(1)连接好麦克风,单击欲放置声音的轨道上的"激活录制轨"按钮。然后单击"录制"按钮,再单击"播放/停止切换"按钮,即可开始录音。

(2)再次单击"播放/停止切换"按钮或"录制"按钮,可以结束录制。

此时,"项目"面板中会自动添加刚录制的声音文件,时间线面板中相应的音轨上也会自动放置录制的声音。

4.5.3 创建发送效果

Premiere 的"调音台"允许创建发送效果,可以使用此效果将部分轨道信号发送到子混合轨道,在创建发送时,轨道区域底部将出现一个控件旋钮,如图 4-51 所示(在该图中,控件旋钮设置为"音量",用户可以将旋钮设置为平衡或声像,具体情况取决于正在使用的是单声道轨道还是多声道轨道)。

图 4-51　创建子混合后的调音台

此控件旋钮用于调整复制到子混合轨道的轨道信号量,在音频术语中,这类似于称为"干"的轨道信号部分,而子混合部分称为"湿"。

在创建发送时,可以选择将发送设置为"预衰减"或"后衰减"(默认选择),"预衰减"或"后衰减"用于控制是在调整音量衰减控件之前,还是在这之后从轨道发送信号,如果选择"预衰减",那么升高或降低发送轨道的音量衰减控件,将不会影响发送输出,如果选择"后

衰减",那么在更改发送轨道中的音量时,需要使用控件旋钮设置。

右击"调音台"面板中列出的发送名称,可以在"预衰减"设置和"后衰减"设置之间进行选择,如图 4-52 所示。

图 4-52　设置"发送效果"

用户可以按照以下步骤在"调音台"中创建子混合轨道,然后创建效果发送。

(1) 在"调音台"中单击"显示/隐藏效果与发送"按钮,切换到效果视图。

(2) 单击发送区域的"发送任务选择"按钮,打开发送区域弹出菜单。

(3) 如果没有创建子混合轨道,可选择弹出菜单中用于创建子混合轨道的选项创建它(如创建立体声子混合),做出选择之后,就会为子混合轨道自动创建一个发送。如果子混合轨道已经在调音台中,可从发送弹出菜单中选择子混合轨道。

(4) 创建发送后,会出现一个"音量"旋钮,此旋钮用于控制混合轨道时发送到子混合轨道的轨道信号部分。

(5) 如果需要,可以更改发送属性,右击子混合轨道名称,然后选择"预衰减"或"后衰减"命令,单击静音轨道按钮,可屏蔽发送,屏蔽发送后,一条斜线会出现在该按钮上。

(6) 要删除发送,可单击"发送任务选择"按钮,从弹出菜单中选择"无"选项。

4.5.4　创建子混合轨道

Premiere 的调音台不仅可以将音频混合到主音轨中,还可以将来自不同轨道的音频组合到子混合轨道中,例如,如果有 4 个轨道,要对其中两个轨道同时应用相同的效果,那么使用调音台可以将两个轨道发送到子混合轨道,并将效果应用于此轨道,然后将它输出到主音轨。

将效果应用于一个子混合轨道而不是两个标准音频轨道,更易于管理,耗费的计算机资源也更少。在使用子混合轨道时,不能手动将素材拖至时间线中的子混合轨道中,它们的输入是根据调音台中的设置单独创建的。

创建子混合轨道步骤如下。

（1）在轨道前空白处右击，在快捷菜单中选择"添加轨道"选项，在打开的"添加视音轨"对话框的"音频子混合轨"区域中，将"添加"参数设置为 1，并在"轨道类型"下拉列表中，选择是让子混合轨道成为单声道、立体声还是 5.1 轨道，然后在其他字段中键入 0，这样就不会添加其他音频轨道或视频轨道。

（2）在"调音台"面板中，为子混合轨道设置输出，在轨道底部的"输出"下拉列表中，为要发送到子混合轨道的个别轨道设置输出。

（3）选择其中一个"效果选择"图标并选择一种效果，为子混合轨道选择效果，在选择效果后，可以根据需要进行设置，如图 4-53 所示。

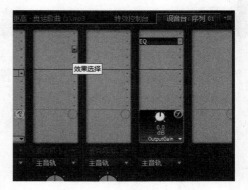

图 4-53　添加音频特效

4.5.5　制作 5.1 声道音效

5.1 声道是 Dolby Digital（杜比数字）的音效输出标准，由著名的杜比实验所制定。它包括 6 个声道：前置左声道、前置右声道、中央声道、后置左环绕声道、后置右环绕声道、重低音声道。

创建 5.1 声道音效文件，就是通过"声像控制器"把单声道文件剪辑配置到 5.1 声道协议允许的 6 个声道上。

课堂练习

1. 音频轨道按声道数目分，可分为_____、_____、_____。按功能分，可分为_____、_____、_____、_____。

2. 在时间线面板上选择音视频文件，然后选择_____命令即可解除音频和视频的链接。

3. 调整素材音量可以通过_____、_____、_____三种方法实现。

4. 默认的音频转场效果是_____。

5. _____特效能够产生延迟，用在电子音乐中可以产生同步和重复的回声效果。

6. 在_____面板中可以对音频进行实时编辑控制，在_____、_____、_____三种自动模式下都可以自动保存所做的调整。

7. 通过"调音台"录制的声音会自动添加到_____和_____。

8. 使用"触动"或"写入"效果，实现案例中背景音乐声音的变化效果。

9. 在"调音台"中为素材添加多种特效。

课后思考

1. 怎样更改默认音频过渡持续时间？

2. 怎样将音频文件导出为 MP3 格式？

模块 5

视 频 切 换

5.1 视频切换概述

视频切换又称视频转场,是电视或电影节目中,从一个场景切换到另一个场景,或者从不同的景别过渡的剪辑手法,通常会通过转场效果来实现,将转场效果添加至相邻的素材之间,能够使节目更富有表现力,并突出风格,它最基本的作用是避免由于两个镜头的内容、场景或节奏差别太大而产生情节跳跃。

5.1.1 认识视频切换

Premiere 提供了多种类型的视频转场效果,应用于两段视频或图像素材之间,还能够应用于同一段视频或图像素材的开始与结尾,使视频剪辑师们有了更大的创作空间和自由度。

效果窗口中的"视频切换"文件夹中搭载了多种不同风格的视频切换效果。执行"窗口/效果"命令,也可在 Premiere Pro CS6 常规界面的项目面板中找到"效果"窗口(见图 5-1)。

图 5-1 "效果"窗口

5.1.2 添加视频切换效果

在 Premiere Pro CS6 中,实现影片之间的视频切换效果只需要将选中的切换效果拖入时间线窗口轨道上的两段素材之间,在视频素材中就会出现转场标记(见图 5-2),添加视频切换中划像形状效果后如图 5-3 所示。

如果要选择删除"视频切换"效果,右击要删除的效果,执行"清除"命令即可(见图 5-4)。或者选择效果后,按 Delete 键删除即可。

5.1.3 编辑视频切换效果

对素材添加视频切换效果后,双击视频轨道上的切换效果视频,打开"特效控制台"面

图 5-2　添加视频切换中划像形状效果

图 5-3　划像形状效果

图 5-4　删除视频切换效果

板(见图 5-5),可以用来设置视频切换的属性和参数。

虽然每个视频切换的效果各不相同,但是其设置的参数大致相同,用户可以根据需要为视频切换效果设置以下参数。

- 持续时间:该命令用于设置视频切换播放的时间。
- 对齐:该命令用于设置视频切换的放置位置。"居中于切点"表示将视频切换放置在两段素材中间,"开始于切点"表示将视频切换放置在第二段素材的开头,"结束于切点"表示将视频切换放置在第一段素材的结尾。
- 剪辑预览窗口(见图 5-6):调整滑块可以设置视频切换的开始或结束位置。
- 显示实际来源:勾选该复选项,在播放视频切换效果时将显示源素材,取消选择该复选项,在播放视频切换效果时将以默认效果播放。
- 边宽:设置视频切换时边界的宽度。
- 边色:设置视频切换时边界的颜色。

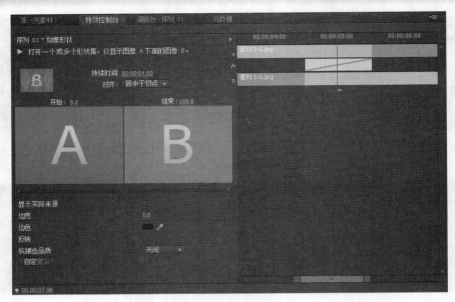

图 5-5　"特效控制台"面板

图 5-6　剪辑预览窗

- 反转：勾选该复选项，视频切换将反转播放。
- 抗锯齿品质：设置视频切换时边界的平滑程度。

5.2　Premiere Pro CS6 中提供的视频切换效果

5.2.1　三维运动

三维运动视频切换效果主要体现场景切换的层次感，给观众带来从二维到三维的视觉效果。该类转场节奏比较快，能够表现出场景之间的动感转场效果。

加载效果只需展开"效果"面板，单击"视频切换→三维运动"下拉菜单三角按钮，即可看到该切换效果文件夹所包含的全部类型（见图 5-7），部分应用如下。

1. 向上折叠

"向上折叠"视频切换效果是将第一段素材的场景像折纸一样，折叠出第二段素材的场景（见图 5-8）。

图 5-7　三维运动切换效果

图 5-8　"向上折叠"视频切换效果

2. 帘式

"帘式"视频切换效果是将第一段素材像拉窗帘一样从两边卷起,露出第二段素材的场景(见图 5-9)。

图 5-9　"帘式"视频切换效果

3. 摆入

"摆入"视频切换效果是第二段素材以屏幕的一边为中心旋转,从后方出现,将第一段素材取代的场景(见图 5-10)。

图 5-10　"摆入"视频切换效果

4. 旋转

"旋转"视频切换效果是第二段素材以屏幕中线为轴旋转出现,取代第一段素材的场景(见图 5-11)。

图 5-11　"旋转"视频切换效果

5. 筋斗过渡

"筋斗过渡"视频切换效果是第一段素材在屏幕中心像翻筋斗一样不断缩小翻出,从而显示第二段素材的场景(见图 5-12)。

图 5-12　"筋斗过渡"视频切换效果

5.2.2　伸展

"伸展"视频切换效果文件中提供了一些不同的过渡效果,使用这些效果通常会在过渡期间至少拉伸一段素材(见图 5-13)。

图 5-13 "伸展"切换效果

1. 交叉伸展

"交叉伸展"视频切换效果是指第二段素材从一边开始伸展,同时第一段素材收缩的场景(见图 5-14)。

图 5-14 "交叉伸展"视频切换效果

2. 伸展覆盖

"伸展覆盖"视频切换效果是第二段素材从画面中心横向伸展,直到覆盖第一段素材的场景(见图 5-15)

图 5-15 "伸展覆盖"视频切换效果

5.2.3 光圈

"光圈"又称"划像",视频切换效果是在一段素材结束的同时开始另一段素材。"光圈"切换效果文件中的过渡都是在屏幕的中心展开或者结束(见图 5-16),部分应用如下。

图 5-16 "光圈"视频切换效果

1. 划像交叉

"划像交叉"视频切换效果是将第一段素材从中心分割为 4 部分,然后不断地向 4 个角移动,呈十字形逐渐放大,直至显示出第二段素材的场景(见图 5-17)。

图 5-17 "划像交叉"视频切换效果

2. 划像形状

"划像形状"视频切换效果指第二段素材以自定义的形状(矩形、椭圆形、菱形)在第一段素材中逐渐展开的场景。

3. 圆划像

"圆划像"视频切换效果指第二段素材以圆形在第一段素材中逐渐展开的场景。

5.2.4 卷页

"卷页"视频切换效果文件夹中的过渡效果是模仿翻开书籍的某一页以显示下一页的动作(见图 5-18)。

1. 中心剥落

"中心剥落"视频切换效果指第一段素材从屏幕中心分割成 4 块,同时向各自的对角卷起露出第二段素材的场景(见图 5-19)。

图 5-18 "卷页"视频切换效果

图 5-19 "中心剥落"视频切换效果

2. 剥开背面

"剥开背面"视频切换效果指将第一段素材从中心点分割成 4 部分,从左上角开始以顺时针方向依次向各自的对角卷起露出第二段素材的场景。

3. 卷走

"卷走"视频切换效果将第一段素材像卷纸一样卷起而显示出第二段素材的场景(见图 5-20)。

图 5-20 "卷走"视频切换效果

5.2.5 叠化

"叠化"视频切换效果又称溶解类转场效果,是影片剪辑中最常用的一种转场效果(见图 5-21)。

音频视频编辑

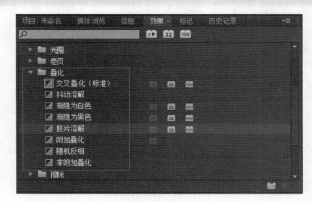

图 5-21　"叠化"视频切换效果

1. 交叉叠化(标准)

"交叉叠化"视频切换效果是将第一段素材的结尾和第二段素材的开始部分交叉叠加,逐渐显示出第二段素材(见图 5-22)。

图 5-22　"交叉叠化"视频切换效果

2. 抖动溶解

"抖动溶解"是将第一段素材的画面以颗粒状溶解到第二段素材中,随着细小的圆点出现在屏幕,从而显示出第二素材的场景(见图 5-23)。

图 5-23　"抖动溶解"视频切换效果

3. 渐隐为白色

"渐隐为白色"视频切换效果又称"白场过渡",由第一段素材逐渐变为白色场景,然后由白色场景逐渐变换到第二段素材的场景(见图 5-24)。

图 5-24 "渐隐为白色"视频切换效果

4. 渐隐为黑色

"渐隐为黑色"视频切换效果又称"黑场过渡",由第一段素材逐渐变为黑色场景,然后由黑色场景逐渐变换到第二段素材的场景。

5. 附加叠化

"附加叠化"视频切换效果是将第一段素材以色差亮度逐渐淡化为第二段素材的场景(见图 5-25)。

图 5-25 "附加叠化"视频切换效果

5.2.6 擦除

"擦除"视频切换效果是通过将两段素材相互擦除的效果来切换场景,"擦除"效果包含很多种不同风格的切换效果(见图 5-26)。

图 5-26 "擦除"视频切换效果

1. 双侧平推门

"双侧平推门"视频切换效果指第一段素材由中线向两边推开或由两边向中线关闭的方式显示出第二段素材的场景(见图 5-27)。

图 5-27　"双侧平推门"视频切换效果

2. 径向划变

"径向划变"视频切换效果指第二段素材从屏幕一角扇形擦除第一段素材的场景(见图 5-28)。

图 5-28　"径向划变"视频切换效果

3. 时钟式划变

"时钟式划变"视频切换效果指第二段素材按照时钟的顺时针或逆时针方向进入,逐渐擦除第一段素材的场景(见图 5-29)。

图 5-29　"时钟式划变"视频切换效果

4. 渐变擦除

"渐变擦除"视频切换效果指用一个已定或自选的灰色图像,从第一段素材渐变到第二段素材的场景(见图 5-30)。应用此效果时会弹出"渐变擦除设置"对话框(见图 5-31)。

图 5-30 "渐变擦除"视频切换效果

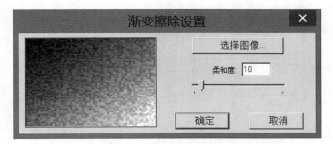

图 5-31 "渐变擦除"设置对话框

5.2.7 映射

"映射"视频切换效果主要是通过混色原理和通道叠加来实现两个场景的切换(见图 5-32)。

图 5-32 "映射"视频切换效果

1.明亮度映射

"明亮度映射"视频切换效果是通过混色原理,将两段素材混合到一起,从而实现两个场景之间的过渡变化。

2. 通道映射

"通道映射"视频切换效果是通过两段素材通道的叠加来完成画面的切换。添加该切换时系统会自动弹出"通道映射设置"对话框(见图 5-33)。

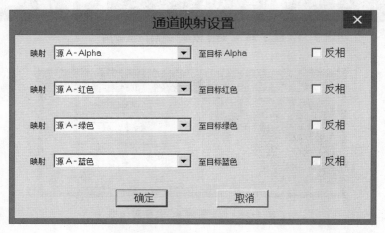

图 5-33　"通道映射设置"对话框

5.2.8　滑动

"滑动"视频切换效果主要通过滑动来实现两个场景的切换(见图 5-34)。

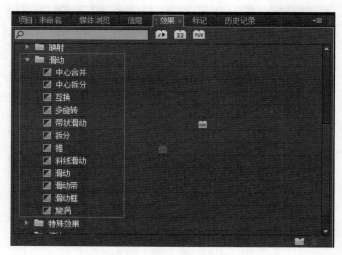

图 5-34　"滑动"视频切换效果

1. 中心合并

"中心合并"视频切换效果是将第一段素材分为 4 块同时向屏幕中心移动,逐渐显示出第二素材的场景(见图 5-35)。

图 5-35　"中心合并"视频切换效果

2. 多旋转

"多旋转"视频切换效果是第二段素材以多个矩形不断旋转并且逐渐放大的形式出现，最终覆盖第一段素材的场景（见图 5-36）。

图 5-36　"多旋转"视频切换效果

3. 推

"推"视频切换效果是第二段素材从屏幕的一侧推动第一段素材，从而逐渐呈现出第二段素材的场景。

4. 斜线滑动

"斜线滑动"视频切换效果是指第二段素材被分割成很多独立的部分，以斜线的方式逐渐插入第一段素材，并最终将第一段素材完全覆盖（见图 5-37）。

图 5-37　"斜线滑动"视频切换效果

5. 滑动

"滑动"视频切换效果是指第二段素材从屏幕的一侧滑动到第一段素材的上面，并逐渐覆盖第一段素材的场景。

5.2.9　特殊效果

"特殊效果"视频切换效果文件夹内的过渡是创建各种过渡特效的混杂体,其中许多过渡都可以更改颜色或者扭曲图像(见图 5-38)。

图 5-38　"特殊效果"视频切换效果

1. 映射红蓝通道

"映射红蓝通道"视频切换效果是指第一段素材中的红、蓝色映射到第二场景中,从而逐渐呈现出第二段素材的场景。

2. 纹理

"纹理"视频切换效果是指将第一段素材作为纹理贴图映射到第二段素材中,并逐渐显示出第二段素材的场景(见图 5-39)。

图 5-39　"纹理"视频切换效果

3. 置换

"置换"视频切换效果是指第一段素材中的 RGB 通道被第二段素材中的相同通道所替换,并最终呈现出第二段素材。

5.2.10　缩放

"缩放"视频切换效果是指通过对素材的缩放来实现场景间相互切换的效果,该类切换效果可以实现镜头的推拉、画中画等效果(见图 5-40)。

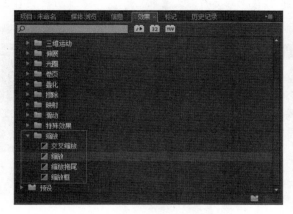

图 5-40　"缩放"视频切换效果

1. 交叉缩放

"交叉缩放"视频切换效果是指先将第一段素材推出放大,冲出屏幕,再将第二段素材由大逐渐拉入屏幕回到实际尺寸的场景。

2. 缩放

"缩放"视频切换效果是指第二段素材在指定的位置逐渐放大显示出来,并覆盖第一段素材的场景。

3. 缩放拖尾

"缩放拖尾"视频切换效果是指第一段素材带着拖尾缩放离开,以呈现出第二段素材的场景(见图 5-41)。

图 5-41　"缩放拖尾"视频切换效果

4. 缩放框

"缩放框"视频切换效果是指将第二段素材放大成多个方框逐渐覆盖第一段素材的场景。

案例 9 "交叉叠化"切换效果的应用

案例描述

本案例通过在两张图片间添加"交叉叠化(标准)"视频切换制作图片间简单的过渡效果(见图 5-42)。

图 5-42 样图

案例解析

在本案例中,需要完成以下操作:

* 新建项目并导入素材。
* 将素材拖动到时间线上进行编辑。
* 为影片添加"交叉叠化(标准)"视频切换效果。
* 保存项目文件,并在"节目"监视器面板窗口中观看效果。

案例 9 "交叉叠化"
切换效果的应用

操作步骤

(1) 运行 Premiere Pro CS6,在欢迎界面中单击"新建项目"按钮,在"新建项目"对话框中选择项目的保存路径,对项目进行命名,单击"确定"按钮(见图 5-43)。

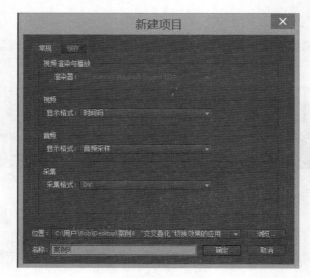

图 5-43 新建项目

（2）弹出"新建序列"对话框，在"序列预设"选项卡下"有效预设"区域中选择 DV-PAL→"标准 48kHz"选项，对"序列名称"进行设置，单击"确定"按钮（见图 5-44）。

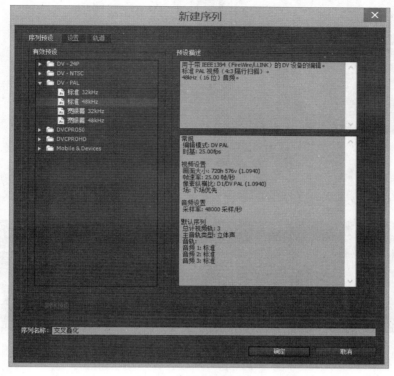

图 5-44　新建序列

（3）进入 Premiere Pro CS6 的操作界面，在"项目"窗口区域的空白处双击，导入案例所需要的素材（见图 5-45）。

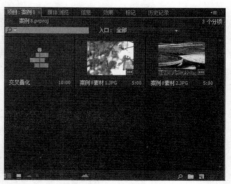

图 5-45　导入素材

（4）将导入的素材按顺序拖至时间线窗口"视频 1"轨道中，选中两个素材后右击，在弹出的快捷菜单中执行"缩放为当前画面大小"命令，使素材大小与当前画面尺寸相匹配（见图 5-46）。

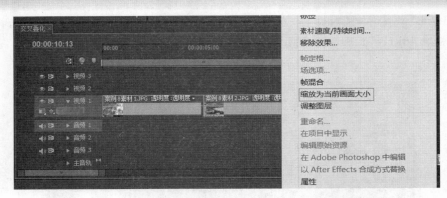

图 5-46 调整素材画面大小

（5）单击"效果"面板，执行"视频切换→叠化→交叉叠化（标准）"命令，将其拖放至时间线面板"视频 1"轨道中两个素材的中间（见图 5-47）。

图 5-47 添加切换效果

（6）保存项目，在"节目"监视器面板窗口中观看。

流 程 图

本案例的流程如图 5-48 所示。

新建项目

新建序列

导放案例中所需要的素材

设置素材与当前尺寸匹配

添加视频切换效果

保存项目，并查看最终效果

图 5-48 "交叉叠化"切换效果应用流程图

5.3 主流影视转场效果

在电影创作过程中,转场是必需的,实际情况中,很少有电影是在一个场景下完成的,所以转场的技巧显得特别重要,如果转不好,不仅会打破原来的叙事方式,而且会让观众感觉到"跳",为了避免这种情况的发生,常常要通过一些技巧使这种转换显得自然、连续。

5.3.1 动作转场

动作转场剪辑是影视作品里惯用的手法,前一段最后一个镜头主体动作与后一段第一个镜头的主体动作在形式上或内容上相互关联,这个动作就可以作为前后两段的过渡因素,前后镜头中的主体可以相同也可以不相同。

《神话》

在由成龙主演、唐季礼导演的电影《神话》中有这样一段内容:蒙毅遭赵旷重兵围困,坐骑黑风中箭倒地,蒙毅悲愤中抚摩马头,帮它合上眼睛,马眼一闭;下一画面变成了杰克握着鼠标,趴在计算机桌上睡觉的画面。抚合眼睛的动作与操作鼠标的动作非常接近,从而实现古代到现代的时空转换,如图 5-49 所示。

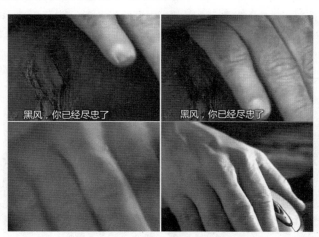

图 5-49 《神话》中的动作转场

5.3.2 景物转场

景物转场是指前后的两个段落借助同一物体转场,景物镜头包括两个方面,一种是以景为主,物为陪衬的镜头,另一种是以物为主,景为陪衬的镜头。

《闪闪的红星》

在电影《闪闪的红星》中,上一段的最后一个镜头,胡汉三被赶跑了,国民党乡公所的牌子被扔在路边,冬子双脚把牌子踩裂成两半;下一段开始的画面,胡汉三重新合拢乡公

所的牌子,胡汉三又回来了,如图 5-50 所示。

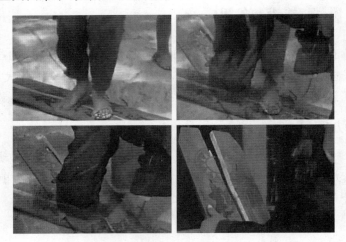

图 5-50 《闪闪的红星》中的景物转场

5.3.3 特写转场

特写具有强调画面细节的特点,暂时集中人的注意力,因此,特写转场可以在一定程度上弱化时空或段落转换的视觉跳动。在电视片的编辑中,特写常常作为转场不顺的补救手段,前面段落的镜头无论以何种方式结束,下一段落的开始镜头都可以从特写开始。其特点是,对局部进行突出强调和放大,展现一种平时在生活中用肉眼看不到的景别。我们称之为"万能镜头"或"视觉的重音",如图 5-51 所示。

图 5-51 《霸王别姬》中的特写转场

5.3.4 镜头衔接转场

镜头和镜头之间的衔接方式也影响着剪辑的效果。在两个镜头之间通过一些巧妙地切换而不作任何处理,都能够对影片的含义和节奏产生完全不同的影响。

5.3.5 视觉过渡转场

影片通过一种视觉上很自然、流畅的形式过渡到另一个场景,却没有任何镜头切换的感觉,仿佛一气呵成。看完后,却又恍然大悟,镜头已经切换,这就是视觉过渡转场。

案例 10 视频切换效果的综合应用

📚 案例描述

案例中运用切换效果展现出一组紧张而激烈的体育运动场面,同时多个滤镜特效的使用,为画面提供了丰富的色彩,这样的切换效果可以使观众感受到体育运动带来的刺激与震撼。

📖 案例解析

在本案例中,需要完成以下操作:

- 新建项目并导入素材。
- 将素材分别拖动到时间线上进行编辑。
- 为影片添加视频切换效果。
- 保存项目文件,并在"节目"监视器面板窗口中观看效果。

案例 10 视频切换效
果的综合应用

✏️ 操作步骤

(1)运行 Premiere Pro CS6,在欢迎界面中单击"新建项目"按钮,在"新建项目"对话框中选择项目的保存路径,对项目进行命名,单击"确定"按钮(见图 5-52)。

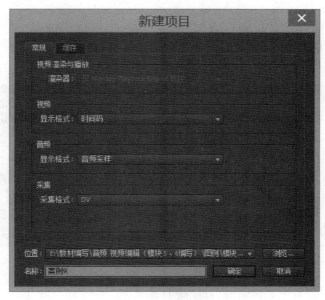

图 5-52 新建项目

（2）弹出"新建序列"对话框，在"序列预设"选项卡下"有效预设"区域中执行"DV-PAL→标准 48kHz"命令，对"序列名称"进行设置，单击"确定"按钮（见图 5-53）。

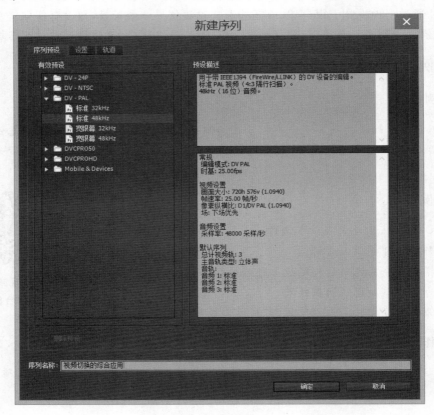

图 5-53　新建序列

（3）进行 Premiere Pro CS6 的操作界面，在"项目"窗口区域的空白处双击，导入案例所需要的素材（见图 5-54）。

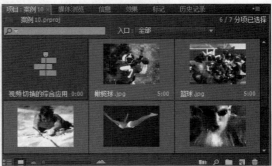

图 5-54　导入素材

（4）在时间线窗口中，将"篮球.jpg"素材拖动到"视频 1"轨道上，选中"篮球.jpg"，右击，执行"缩放为当前画面大小"命令，使当前画面按比例放大；然后选择"素材→素材速度/持续时间"，设置该素材的时间长度为 3 秒。

（5）将"项目"窗口中的"橄榄球.jpg"素材拖动到轨道上，放置在"篮球.jpg"的后面，选中"橄榄球.jpg"，右击，执行"缩放为当前画面大小"命令，使当前画面按比例放大；然后执行"素材"→"素材速度/持续时间"命令，设置该素材的时间长度为 2.16 秒。

（6）执行"效果→视频切换→缩放→交叉缩放"命令，将其拖到两段素材相交的位置，双击"交叉缩放"切换，打开"交叉缩放"设置对话框，设置图 5-55 所示的参数。

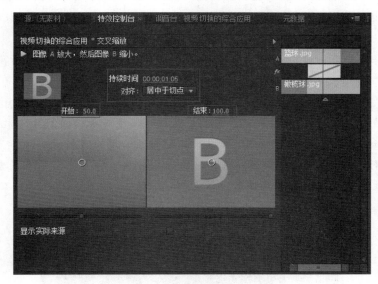

图 5-55 "交叉缩放"设置

（7）将"项目"窗口中的"足球.jpg"素材拖动到轨道上，放置在"橄榄球.jpg"后面，选中"足球.jpg"，右击，执行"缩放为当前画面大小"命令，使当前画面按比例放大；然后执行"素材→素材速度/持续时间"命令，设置该素材的时间长度为 3.05 秒。

（8）执行"效果→视频切换→叠化→附加叠化"命令，将其拖动到两段素材相交的位置（见图 5-56）。

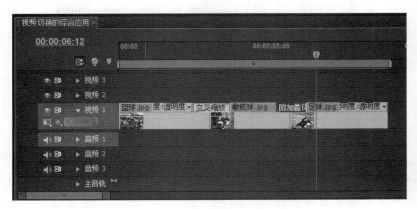

图 5-56 添加"附加叠化"切换效果

(9) 将"项目"窗口中的"跳水.jpg"素材拖动到轨道上,放置在"足球.jpg"后面,选中"跳水.jpg",右击,执行"缩放为当前画面大小"命令,使当前画面按比例放大;然后执行"素材→素材速度/持续时间"命令,设置该素材的时间长度为2.24秒。

(10) 执行"效果→视频切换→伸展→伸展进入"命令,将其拖动到两段素材相交的位置。

(11) 将"项目"窗口中的"攀岩.jpg"素材拖动到轨道上,放置在"跳水.jpg"后面,选中"攀岩.jpg",右击,执行"缩放为当前画面大小"命令,使当前画面按比例放大;然后执行"素材→素材速度/持续时间"命令,设置该素材的时间长度为3秒。

(12) 执行"效果→视频切换→叠化→附加叠化"命令,将其拖动到两段素材相交的位置。

(13) 将"项目"窗口中的"游泳.jpg"素材拖动到轨道上,放置在"攀岩.jpg"的后面,选中"游泳.jpg",右击,执行"缩放为当前画面大小"命令,使当前画面按比例放大;然后执行"素材→素材速度/持续时间"命令,设置该素材的时间长度为3秒。

(14) 执行"效果→视频切换→缩放→缩放拖尾"命令,将其拖动到两段素材相交的位置,双击"缩放拖尾"切换,打开其设置对话框,各参数设置如图5-57所示。

图5-57 "缩放拖尾"设置

(15) 保存项目,在"节目"监视器面板窗口中观看。

流程图

本案例的流程如图5-58所示。

图 5-58 视频切换效果综合应用流程图

课堂练习

1. 下列属于 Premiere Pro 切换方式的有(　　　)。

   A. 色阶　　　　　　B. 快速模糊　　　　　C. 叠化

2. Premiere 是一款非常优秀的(　　)软件。

   A. 视频　　　　　　B. 图形处理　　　　　C. 视频编辑

3. 转场也就是(　　)。

   A. 转换场面　　　　B. 场面转换　　　　　C. 场景转换

4. 进行导入素材、预览素材、设置素材的显示方式等操作的面板是(　　　)。

   A. 项目面板　　　B. 时间线面板　　　　C. 工具面板　　　　D. 效果面板

5. 导入素材的组合键是(　　)。

   A. Ctrl＋O　　　　B. Ctrl＋D　　　　C. Ctrl＋I

课后思考

1. 我们剪辑一段比较长的片段时,为了防止硬切造成的画面跳动,通常都用叠化遮掩一下,这种效果在 Premiere 里面是如何实现的?

2. 如果前期拍摄的素材不是 16：9 的,怎样制作成 16：9 的画面效果?

课后实战

自己准备素材,利用切换效果,制作一段"运动的图片"片段,形式可以是风光片、人物片、活动片、故事片。

模块 6

视 频 特 效

6.1 视 频 特 效 概 述

在 Premiere 中,视频特效又称视频滤镜功能。在一些影视制作的后期,使用视频特效可以通过色彩校正、模糊、锐化等效果来弥补拍摄过程中造成的缺陷,使得视频素材更加完美和出色,同时也可以根据实际需要,对一些特定的画面进行特效修饰,以达到强化主题、增强视觉效果的目的。

6.1.1 认识视频特效

在 Premiere Pro CS6 中视频特效种类繁多,按照不同种类,将其存放在"效果"选项面板的"视频特效"文件夹中(见图 6-1)。

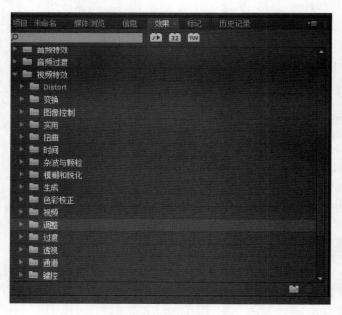

图 6-1 "视频特效"面板

6.1.2 视频特效操作基础

1. 添加视频特效

在 Premiere Pro CS6 中,可以为同一段素材添加一个或多个视频特效,我们先来概括的了解一下特效的使用。在"效果"面板中,打开"视频特效"文件夹,选中需要添加的视频特效,将其拖到时间线面板视频轨道中需要添加特效的素材上即可(见图 6-2)。

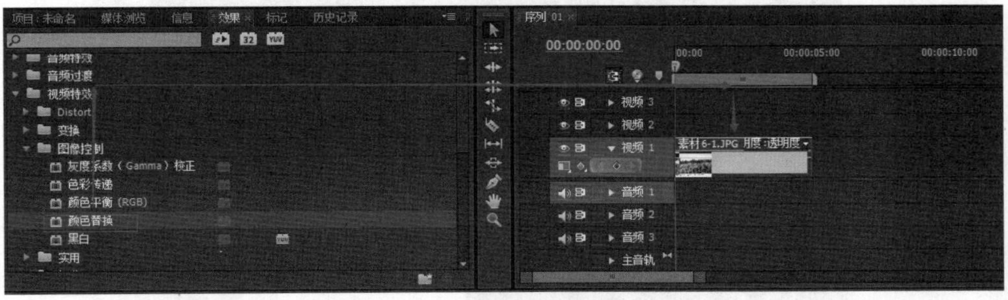

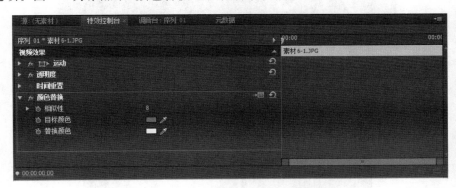

图 6-2　添加"颜色替换"视频特效

特效添加到素材上之后,此时素材对应的"特效控制台"面板上会自动添加该视频特效的选项。图 6-3 为添加了"颜色替换"后的"特效控制台"面板。

图 6-3　添加了"颜色替换"后的"特效控制台"

2. 复制视频特效

在编辑影片的过程中,有时需要给两段或两段以上的素材添加同一种"视频特效",用户可以选择批量添加视频特效:在时间线面板中选中几段素材,将"视频特效"拖到全选的素材上即可。

也可将"视频特效"先拖到一段素材上,调整好参数后,执行"编辑"菜单中的"复制""粘贴"命令或按 Ctrl+C、Ctrl+V 组合键将视频特效复制到其他素材上。

3. 删除视频特效

若感觉添加的视频特效不符合当前素材的创作要求,可以将其删除。只需要在"特效

控制台"面板中选中需要删除的视频特效,按 Delete 键或右击需要删除的视频特效,执行"清除"命令(见图 6-4),也可直接右击素材,执行"移除效果"命令移出相应的效果(见图 6-5)。

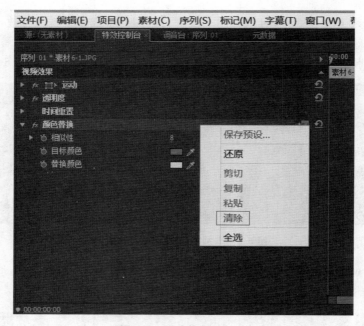

图 6-4　删除视频特效一

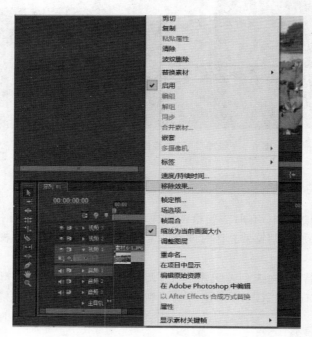

图 6-5　删除视频特效二

4. 关键帧

在 Premiere Pro CS6 中,设置视频特效关键帧可以使视频效果随时间而变化,每个关键帧均可以为其设置相应的效果参数,单击特效选项前面的"切换动画"按钮，可以为素材在当前时间线所在位置添加一个特效关键帧,拖动时间线的位置,修改特效选项的参数后,系统会自动将本次修改添加为关键帧。

关键帧添加完毕之后,可以拖动时间轴,或者按 Enter 键渲染,在"节目"监视器窗口中观察所添加的特效效果,根据影片需求加以调整。

要删除已添加的特效关键帧,可以选中关键帧后按 Delete 键删除。

5. 特效的开启与关闭

当为素材添加特效之后,为了便于其他特效的操作,也可以将添加的某些特效暂时隐藏。单击特效左侧的"切换效果开关"按钮，当按钮消失时,该特效关闭,如果想再次开启特效,只需再次单击即可。

6. 视频特效预设效果

在 Premiere Pro CS6 中,用户除了直接为素材添加内置的特效外,还可以使用系统自带的并且已经设置好各项参数的预设特效,预设特效被存放在"效果"面板的"预设"文件中。用户也可以将自己设置好的某一效果保存为预置特效,供以后直接调用,从而节省设置参数的时间。

（1）使用预设特效

单击"预设"文件夹前的下三角按钮,展开其子文件夹,即可调用相对应的已设置好参数的视频特效（见图 6-6）。

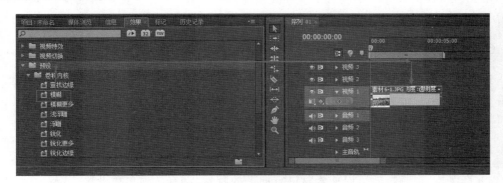

图 6-6　调用预设视频特效

（2）保存预设特效

预设特效实际上是将已设置好参数的效果保存起来,以便在需要的时候直接调用这种效果,这样就避免烦琐的设置参数过程。

在"特效控制台"面板中,在参数值已设置好的效果名称上右击,在下拉菜单中执行"保存预置…"命令（见图 6-7）,弹出"保存预置"对话框（见图 6-8）,在"名称"栏里,填写效

果的名称;在"类型"栏里单击"比例"(该效果应用于整个素材片段中)或"定位到入点"(该效果只应用在开始位置)、"定位到出点"(该效果只应用在结束位置);在"描述"栏里,可以填写该效果的相关说明等。单击"确定"按钮后,该效果便保存在预置文件夹中。以后需要这种效果时,可以直接将该效果添加到素材片段里,不必再进行烦琐的参数设置。

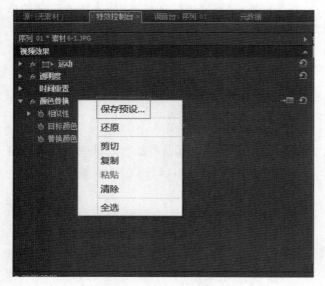

图 6-7　保存预设视频特效

图 6-8　保存预设视频特效设置对话框

6.2　Premiere Pro CS6 中提供的视频特效

在 Premiere Pro CS6 中内置了多种类型的视频特效,本节主要介绍视频后期处理中常用的一些视频特效。

6.2.1　变换类

变换类效果主要是通过对图像的位置、方向和距离等参数进行调节,从而制作出画面视角变化的效果。分为:垂直保持、垂直翻转、摄像机视图、水平保持、水平翻转、羽化边缘和裁剪 7 种效果(见图 6-9)。

1. 垂直保持

"垂直保持"视频特效可以使素材进行向上的翻卷,没有选项参数设置。

2. 垂直翻转

"垂直翻转"视频特效可以使素材进行上下的翻转,没有选项参数设置。

3. 摄像机视图

"摄像机视图"视频特效可以模仿摄像机从各个角度进行拍摄的效果,使素材在三维

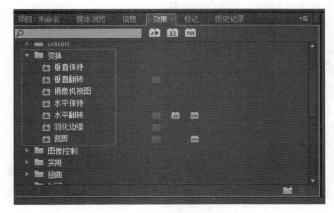

图 6-9　"变换类"视频特效

和二维的空间中旋转(见图 6-10)。

图 6-10　"摄像机视图"视频特效

在"特效控制台"中(见图 6-11),"摄像机视图"特效各参数的含义如下。

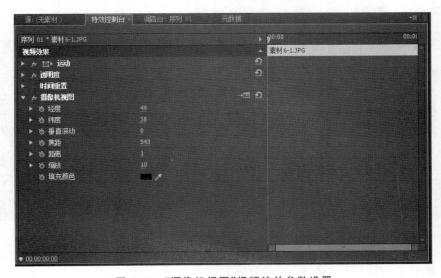

图 6-11　"摄像机视图"视频特效参数设置

• 经度:设置摄像机拍摄时的水平角度。

- 纬度：设置摄像机拍摄时的垂直角度。
- 垂直滚动：设置摄像机绕自身中心轴的转动,使素材产生旋转的效果。
- 焦距：设置摄像机的焦距。
- 距离：设置摄像机与素材之间的距离。
- 缩放：放大或缩小素材。
- 填充颜色：选择素材旋转后留下空白的填充颜色。

4. 水平保持

"水平保持"视频特效可以让素材在水平方向上产生倾斜。单击"水平保持"后面的"设置"按钮 ▦ 可以打开其设置对话框(见图6-12)。

5. 水平翻转

"水平翻转"视频特效将素材在水平方向上翻转,没有选项参数。

6. 羽化边缘

"羽化边缘"视频特效可以对素材的边缘进行羽化。

7. "裁剪"视频特效

"裁剪"视频特效根据需要对素材的周围进行修剪。

6.2.2 图像控制

"图像控制"类视频特效主要用于对素材进行色彩上的处理,使素材达到后期制作的要求(见图6-13)。

图6-12 "水平保持"视频特效参数设置

图6-13 "图像控制"类视频特效

1. 灰度系数(Gamma)校正

"灰度系数(Gamma)校正"视频特效是通过改变图像中间色调的亮度,而不改变图像高亮度区域和低暗区域的情况下,调整图像的明暗(见图6-14)。

图 6-14　添加"灰度系数（Gamma）校正"视频特效后的"节目"监视器面板

在"特效控制台"面板中，"灰度系数（Gamma）校正"中用于修正颜色的 Gamma 值越大，图像越暗，反之，图像越亮。

2. 色彩传递

"色彩传递"视频特效可以将图像中指定的颜色保留，而将其他颜色转换为灰色（见图 6-15）。

图 6-15　添加"色彩传递"视频特效后的"节目"监视器面板

3. 颜色平衡

"颜色平衡"视频特效可以通过对图像中的红、绿、蓝三色的调整来改变图像的色彩。

4. 颜色替换

"颜色替换"视频特效可以将图中指定的色彩和它的相似色彩替换成其他的色彩效果。

5. 黑白

"黑白"视频特效可以将彩色图像转换成黑白图像。

6.2.3 扭曲

"扭曲"类视频特效主要通过对素材图像进行几何扭曲来创建出多种变形效果,"扭曲"类视频特效包括 11 种类型(见图 6-16)。

1. 偏移

"偏移"视频特效可以对图像自身进行混合,使图像进行上下或左右的偏移。

2. 变换

"变换"视频特效可以对图像的位置、大小、倾斜度、旋转、透明度等进行调整,使图像产生二维几何的变化。

3. 弯曲

"弯曲"视频特效可以使图像在水平和垂直方向产生一个波浪形式的扭曲变形效果。

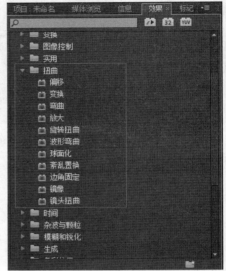

图 6-16 "扭曲"类视频特效

4. 放大

"放大"视频特效是可以将图像的某一区域进行放大,如同放大镜观察图像一样,并可以调节该区域的透明度、羽化放大区域边缘(见图 6-17)。

图 6-17 添加"放大"视频特效后的"节目"监视器面板

5. 旋转扭曲

"旋转扭曲"视频特效可以使图像沿指定中心旋转变形的效果,越靠近中心,旋转越剧烈。

6. 波形弯曲

"波形弯曲"视频特效可以使图像产生一种波浪状的扭曲变形效果(见图 6-18)。

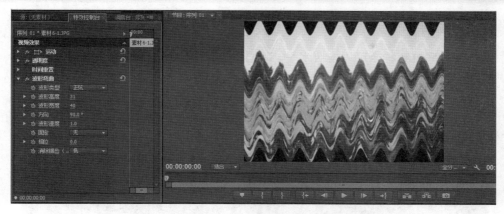

图 6-18　添加"波形弯曲"视频特效后的"节目"监视器面板

7. 球面化

"球面化"视频特效可以使图像产生球面化的效果。

8. 紊乱置换

"紊乱置换"视频特效可以使图像产生各种起伏、旋转等动荡效果,通过调整数量、大小、偏移、复杂度和演化等参数,制作出想实现的扭曲效果。

9. 边角固定

"边角固定"视频特效可以设置图像 4 个角的位置,来使图像变形,根据需要定位图像。

10. 镜头

"镜头"视频特效通过设定一定角度的直线将直线左边的画面反射到右边去,产生镜像的效果。

11. 镜头扭曲

"镜头扭曲"视频特效是模拟变形、透镜的效果,类似于现实生活中在哈哈镜中看到的影像。

6.2.4　模糊和锐化

"模糊和锐化"类视频特效主要用于模糊或锐化图像,以实现一定的艺术效果,模糊类视频特效可以使图像模糊,而锐化类特效可以锐化图像,使图像更加清晰,此类视频特效共包含 10 种类型(见图 6-19)。

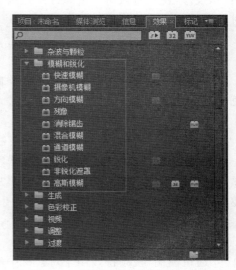

图 6-19　"模糊和锐化"类视频特效

1. 快速模糊

"快速模糊"视频特效可以按照水平、垂直或双向对图像进行快速模糊。

2. 摄像机模糊

"摄像机模糊"视频特效是模拟摄像机镜头变焦所产生的柔化模糊效果,其"模糊百分比"参数用来设置模糊的程度(见图6-20)。

图6-20   添加"摄像机模糊"视频特效后的"节目"监视器面板

3. 方向模糊

"方向模糊"视频特效使图像的模糊具有一定的方向性,从而产生一种动感模糊效果的特效。

4. 残像

"残像"视频特效可以使影片中运动的物体后面跟着一连串一起移动的虚影效果,但对静态画面不起作用。

5. 消除锯齿

"消除锯齿"视频特效能软化画面图像,消除图像中的锯齿,对图像中对比度较大的颜色进行平滑处理。

6. 混合模糊

"混合模糊"视频特效基于亮度值模糊图像,在其"模糊图层"参数中可以选择一个视频轨道中的图像。根据需要用一个轨道中的图像模糊另一个轨道中的图像,能够达到有趣的重叠效果。

7. 通道模糊

"通道模糊"视频特效用于对素材中的红、绿、蓝和Alpha通道分别进行模糊,还可以指定模糊的方向(见图6-21)。

图 6-21　添加"通道模糊"视频特效后的"节目"监视器面板

8. 锐化

"锐化"视频特效用于锐化图像,通过增加相邻像素的对比度,使模糊的图像在一定程度上锐化的更加清晰。

9. 非锐化遮罩

"非锐化遮罩"视频特效可以将图像中色彩边缘差别设置的更明显,达到提高图像细节的效果。

10. 高斯模糊

"高斯模糊"视频特效通过高斯运算后,用于模糊、柔化图像及去除杂点,可以产生更加细腻的模糊效果。

6.2.5　色彩校正

"色彩校正"类视频特效可以对图像的色彩、亮度、对比度进行调节,此类视频特效共有 10 种类型(见图 6-22)。

图 6-22　"色彩校正"类视频特效

1. 亮度与对比度

"亮度与对比度"视频特效是用来调节整个图像的亮度和对比度,属于最基础的功能,其调整参数包括"亮度""对比度"(见图 6-23)。

图 6-23　添加"亮度与对比度"视频特效后的"节目"监视器面板

2. 分色

"分色"视频特效通过设置颜色来指定图像中要保留的色彩,将图像中其他颜色转换为灰度效果。在"特效控制台"面板中(见图 6-24),"分色"视频特效各项参数的含义如下。

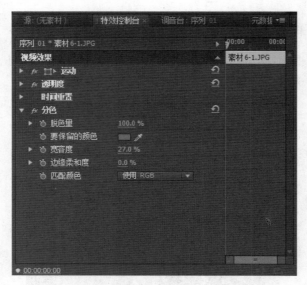

图 6-24　"分色"视频特效参数设置

- 脱色量：用于设置色彩脱色的值。
- 要保留的颜色：用于设置或选取要保留的颜色。
- 宽容度：用于设置颜色的差值范围。
- 边缘柔和度：用于设置边缘的柔和程度。
- 匹配颜色：用于设置颜色的匹配。

3. 广播级颜色

"广播级颜色"视频特效通过改变图像像素的颜色值,使之能在电视中精确地显示出来,从而实现图像的正常播放。

4. 更改颜色

"更改颜色"视频特效用于调整图像中指定颜色区域的色调亮度、饱和度,通过选择一种基色和设置相似值来确定区域。

5. 染色

"染色"视频特效通过指定或选取的颜色对图像进行颜色映射处理。

6. 色彩均化

"色彩均化"视频特效可以通过亮度、RGB 及 Photoshop 样式这几种方式对图像进行色彩平均化处理。

7. 色彩平衡

"色彩平衡"视频特效通过调整图像阴影、中间色和高光的颜色强度来调整素材的色彩均衡。

8. 色彩平衡(HLS)

"色彩平衡(HLS)"视频特效通过对图像的色相、亮度和饱和度参数的调整,来实现图像色彩的改变。

9. 转换颜色

"转换颜色"视频特效通过指定或选定的颜色来替换图像中某种颜色的色调、明度以及饱和度的值。

10. 通道混合

"通道混合"视频特效通过设置每个颜色通道的数值,产生灰阶图像或其他色调的图像。

案例 11 "紊乱置换"视频特效的应用

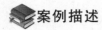案例描述

本案例通过为图像添加"紊乱置换"视频特效制作出图像画面扭曲的效果(见图 6-25)。

图 6-25 样图

案例解析

在本案例中,需要完成以下操作:

- 新建项目并导入素材。
- 将素材拖动到时间线上进行编辑。
- 为影片添加"紊乱置换"视频特效,并设置相关参数。
- 保存项目文件,并在"节目"监视器窗口中观看效果。

案例 11 "紊乱置换"视
频特效的应用

操作步骤

(1) 运行 Premiere Pro CS6,在欢迎界面中单击"新建项目"按钮,在"新建项目"对话框中选择项目的保存路径,对项目进行命名,单击"确定"按钮(见图 6-26)。

(2) 弹出"新建序列"对话框,在"序列预设"选项卡下"有效预设"区域中选择 DV-PAL→"标准 48kHz"选项,对"序列名称"进行设置,单击"确定"按钮(见图 6-27)。

(3) 进入 Premiere Pro CS6 的操作界面,在"项目"窗口区域的空白处双击,导入案例需要的素材(见图 6-28)。

(4) 将导入的素材按顺序拖至时间线窗口"视频 1"轨道中,选中素材后右击,在弹出的快捷菜单中执行"缩放为当前画面大小"命令,使素材大小与当前画面尺寸相匹配(见图 6-29)。

(5) 单击"效果"面板,执行"视频特效→扭曲→紊乱置换"命令,将其拖放至时间线面板"视频 1"轨道的素材中(见图 6-30)。

(6) 在"特效控制台"面板中设置相应参数(见图 6-31)。

(7) 保存项目,在"节目"监视器面板中观看。

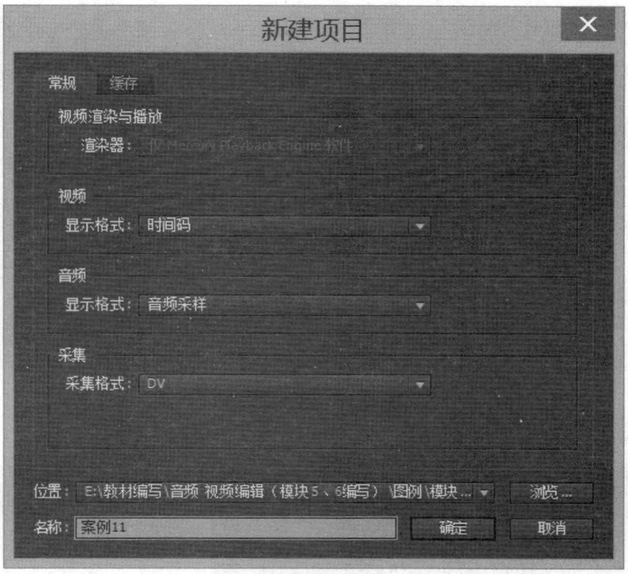

图 6-26　新建项目

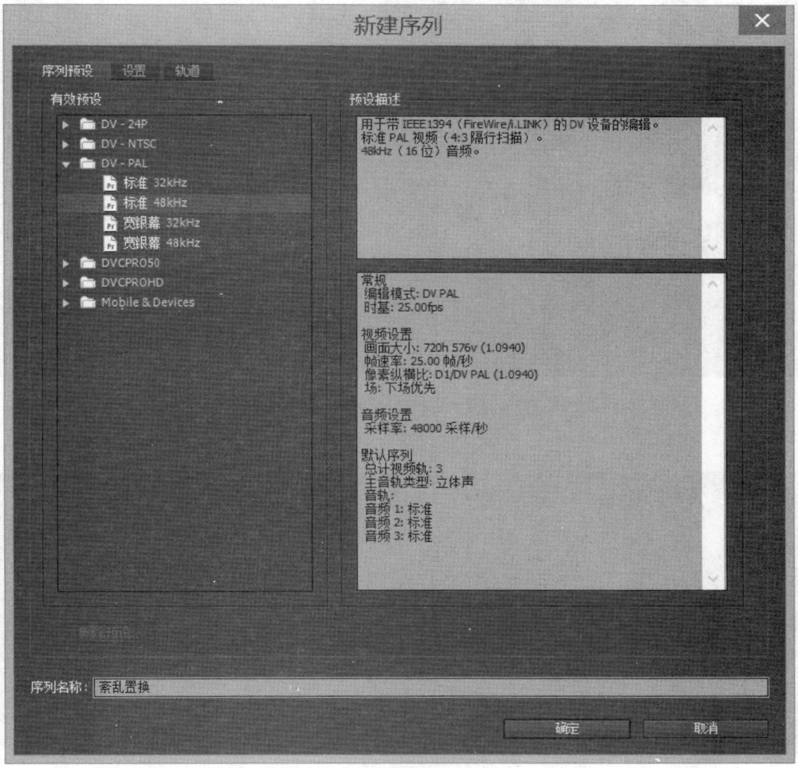

图 6-27　新建序列

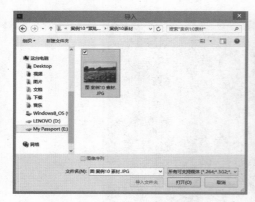

图 6-28　导入素材

图 6-29　调整素材画面大小

图 6-30　添加"紊乱置换"视频特效

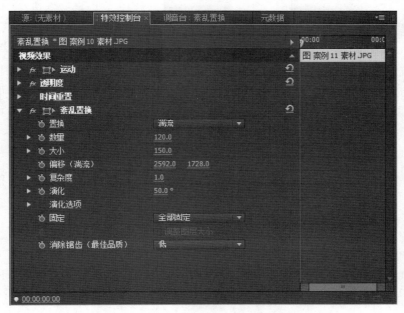

图 6-31　"紊乱置换"视频特效参数设置

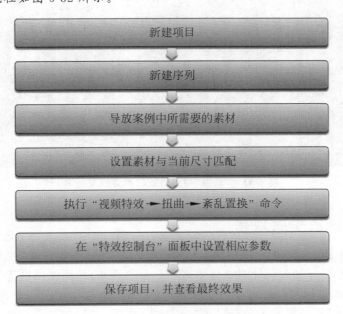

流 程 图

本案例的流程如图 6-32 所示。

新建项目

新建序列

导放案例中所需要的素材

设置素材与当前尺寸匹配

执行"视频特效 → 扭曲 → 紊乱置换"命令

在"特效控制台"面板中设置相应参数

保存项目，并查看最终效果

图 6-32　"紊乱置换"视频特效应用流程图

6.3　调色技术

图像或影视素材在前期拍摄中,由于受到外界环境、光照和设备等客观因素的影响,有些画面与真实效果存在一定的偏差,或者由于后期制作的需要想要改变画面的整体色彩风格,所以调整画面的色彩是十分重要的。为此,Premiere Pro CS6 为我们提供了多种图像调整工具。

在进行颜色校正时,必须保证监视器显示的颜色准确,否则调整出来的影片颜色就不够准确。对监视器颜色的校正,除了使用专门的硬件设备外,也可以凭肉眼来观察校准监视器色彩。

6.3.1　黑白颜色效果

在 Premiere Pro CS6 中,"图像控制"视频特效中提供的"黑白"视频特效可以将图像的颜色进行黑白处理,使彩色图像转换成黑白图像,从而可以让图像显示出黑白颜色效果(见图 6-33)。

图 6-33　"黑白"视频特效应用方式及效果

6.3.2　彩色手绘效果

在 Premiere Pro CS6 中,"风格化"视频特效中提供的"查找边缘"视频特效可以对图像的边缘进行勾绘,并通过强化过渡像素来产生彩色线条,从而使图像产生彩色手绘效果(见图 6-34)。

在"查找边缘"视频特效的"特效控制台"面板(见图 6-35)中各项参数的含义如下。

- 反相:勾选此复选框,素材边缘出现如黑色背景上的明亮线。
- 与原始图像混合:用于设置原素材混合的程度,数值越小,"反相"参数设置的效果越明显。

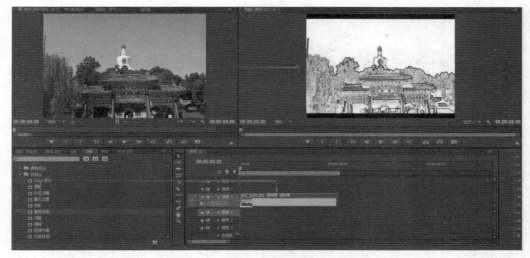

图 6-34　"查找边缘"视频特效应用方式及效果

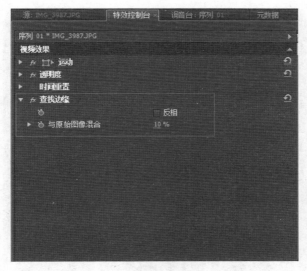

图 6-35　"查找边缘"视频特效的"特效控制台"面板

6.3.3　单色版画效果

在 Premiere Pro CS6 中"风格化"视频特效中提供的"阈值"视频特效及"色彩校正"视频特效中的"染色"视频特效可以实现单色版画的效果(见图 6-36)。"阈值"视频特效是基于图像亮度的黑白分界值表现图像的黑白效果,添加"染色"视频特效可以在图像上映射不同的颜色,从而实现单色版画的效果,设置如图 6-37 所示。

6.3.4　变色

在 Premiere Pro CS6 中"色彩校正"视频特效中提供的"转换颜色"视频特效可以通过

图 6-36　"阈值"及"染色"视频特效应用效果

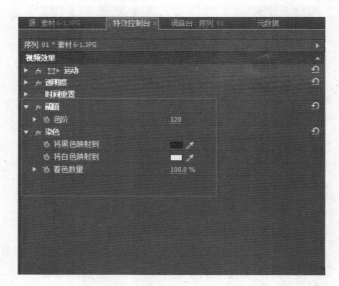

图 6-37　"阈值"及"染色"视频特效的"特效控制台"面板中参数设置

指定或选定的颜色替换图像中的某种颜色的色调、明度以及饱和度的值(见图 6-38)。

在"特效控制台"面板(见图 6-39)中,"转换颜色"视频特效各项参数如下。

- 从:用于设置需要替换的颜色。
- 到:用于设置替换的颜色。
- 更改:用于设置替换颜色的基准。
- 更改依据:用于设置颜色的替换方式。
- 宽容度:用于调整图像的色相、明度和饱和度。
- 柔和度:用于设置替换颜色后的柔和程度。

- 查看校正杂边：可将替换后的颜色变为蒙版形式。

图 6-38　"转换颜色"视频特效应用方式及效果

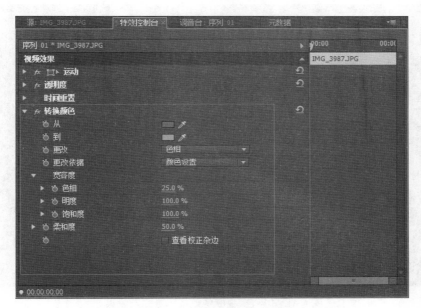

图 6-39　"转换颜色"视频特效的"特效控制台"面板

6.3.5　怀旧颜色

在 Premiere Pro CS6 中，"色彩校正"视频特效中提供的"染色"视频特效可以改变图像的整体色调，而使用"透明度"中的混合模式可以使素材与背景相混合。其中将"混合模

式"设置为"强光",设置"染色"视频特效下的"将白色映射到"为浅黄色（见图 6-40），从而实现怀旧颜色的效果（见图 6-41）。

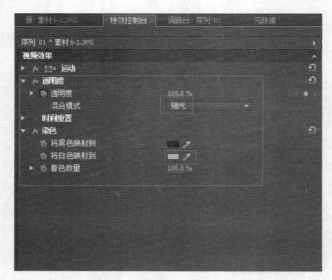

图 6-40   "染色"视频特效及"混合模式"的"特效控制台"面板参数设置

图 6-41   "染色"视频特效应用方式及效果

6.3.6　保留单色效果

在 Premiere Pro CS6 中"色彩校正"视频特效中提供的"分色"视频特效通过设置或者选取颜色指定图像中要保留的颜色，将其他图像转为灰度效果，进行脱色的处理，从而实现了保留单色的效果（见图 6-42）。

图 6-42　"分色"视频特效应用方式及效果

在"分色"视频特效的"特效控制台"面板(见图 6-43)中各项参数的含义如下。

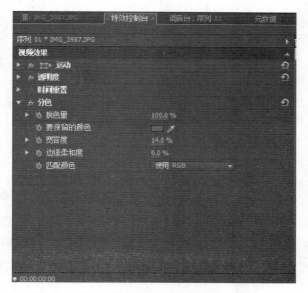

图 6-43　"分色"视频特效的"特效控制台"面板

- 脱色量：用于设置色彩脱色的值。
- 要保留的颜色：用于设置要保留的颜色。
- 宽容度：用于设置颜色的差值范围。
- 边缘柔和度：用于设置边缘的柔和程度。
- 匹配颜色：用于设置颜色的匹配。

案例 12　调色技术综合应用——铅笔画效果

案例描述

案例中使用"查找边缘"特效对素材的边缘进行勾勒,可使素材产生类似素描或底片效果,而使用"黑白"视频特效可改变画面的颜色,最终使素材呈现出铅笔画效果(见图 6-44)。

图 6-44　样图

案例解析

在本案例中,需要完成以下操作:

- 新建项目并导入素材。
- 将素材分别拖动到时间线上进行编辑。
- 为影片添加相应的视频特效并进行相应设置。
- 保存项目文件,并在"节目"监视器窗口中观看效果。

案例 12　调色技术综合应
用——铅笔画效果

操作步骤

(1) 运行 Premiere Pro CS6,在欢迎界面中单击"新建项目"按钮,在"新建项目"对话框中选择项目的保存路径,对项目进行命名,单击"确定"按钮(见图 6-45)。

(2) 弹出"新建序列"对话框,在"序列预设"选项卡下"有效预设"区域中选择 DV-PAL→"标准 48 kHz"选项,对"序列名称"进行设置,单击"确定"按钮(见图 6-46)。

(3) 进入 Premiere Pro CS6 的操作界面,在"项目"窗口区域的空白处双击,导入案例所需的素材(见图 6-47)。

(4) 将"项目"面板中的素材拖动到时间线面板中的"视频 1"轨道上。选中素材后右击,在弹出的快捷菜单中执行"缩放为当前画面大小"命令,使素材大小与当前画面尺寸相匹配。

(5) 为"视频 1"轨道上的素材文件添加"查找边缘"视频特效(见图 6-48)。

(6) 可拖动时间线滑块查看效果(见图 6-49)。

(7) 继续为"视频 1"轨道上的素材文件添加"黑白"视频特效和"亮度与对比度"视频特效,并设置"亮度"为"－8.0","对比度"为"20.0"(图 6-50)。

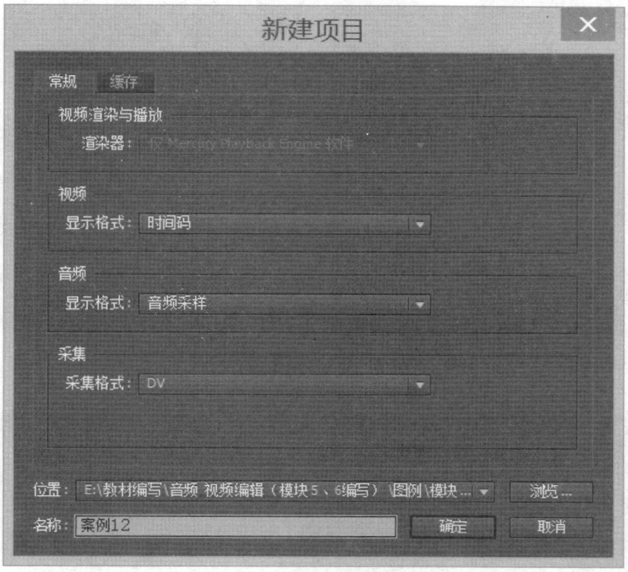

图 6-45　新建项目

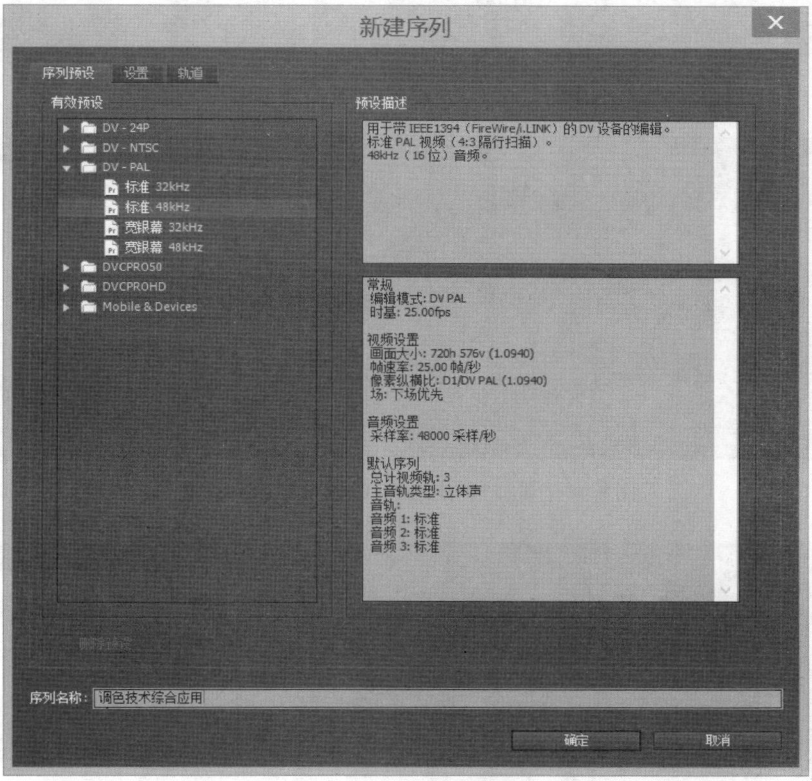

图 6-46　新建序列

图 6-47　导入素材

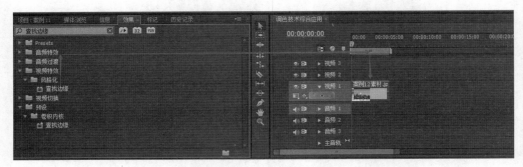

图 6-48　添加"查找边缘"视频特效

图 6-49　添加"查找边缘"视频特效后的效果

图 6-50　添加"黑白"视频特效后和"亮度与对比度"视频特效的效果及参数设置

（8）保存项目文件，并在"节目"监视器窗口中观看效果。

流 程 图

本案例的流程如图 6-51 所示。

新建项目

新建序列

导放案例中所需要的素材

设置素材与当前尺寸匹配

为"视频1"轨道上的素材文件添加"查找边缘"视频特效

继续为"视频1"轨道上的素材文件添加"黑白"视频特效和"亮度与对比度"视频特效，并设置对应参数

保存项目并查看最终效果

图 6-51　调色技术综合应用流程图

6.4　抠像合成技术

在进行素材合成时，经常需要将不同的素材合成到一个场景中，可以使用 Alpha 通道来完成合成效果。但是在实际操作中，许多素材需要利用抠像、Alpha 通道来合成画面。

6.4.1　相框合成

在 Premiere Pro CS6 中，"键控"视频特效的"4 点无用信号遮罩"视频特效可以通过调节 4 个顶点的位置来控制保留下来的四边形素材大小，从而实现相框合成效果（见图 6-52）。

6.4.2　卡通风格抠像合成

在 Premiere Pro CS6 中，"键控"视频特效的"色度键"可将图像上的某种颜色及相似范围的颜色设为透明，从而可以看见后面的图像（见图 6-53）。

在其"特效控制台"面板中（见图 6-54），"色度键"特效各项参数的含义如下。

• 颜色：用于设置不透明的颜色值。

图 6-52 "4 点无用信号遮罩"视频特效的应用方式及效果

图 6-53 "色度键"视频特效的应用方式及效果

- 相似性：用于调整颜色的相似范围，值越大所包含的颜色范围越大。
- 混合：用于调整边缘的混合程度。
- 阈值：用于设置被叠加图像灰阶部分的不透明度。
- 屏蔽度：用于设置被叠加图像的屏蔽程度。
- 平滑：用于调节图像边缘的平滑程度。
- 仅遮罩：选择此项，被叠加图像仅作为蒙版使用。

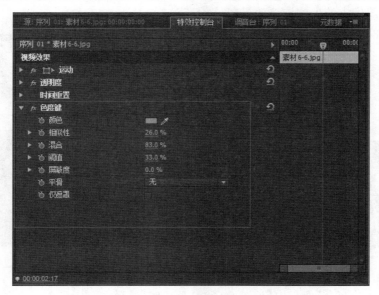

图 6-54　"色度键"视频特效的"特效控制台"面板

6.4.3　创意背景抠图效果

在 Premiere Pro CS6 中"键控"视频特效的"极致键"视频特效可以将人像背景变为透明，也可以调整"抑制"值使背景抠除的更加彻底，从而实现创意背景抠图效果（见图 6-55）。

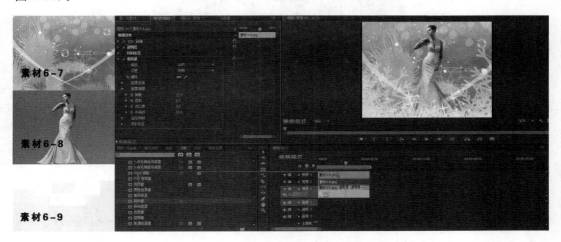

图 6-55　"极致键"视频特效的应用方式及效果

6.4.4　人物漂浮合成效果

在 Premiere Pro CS6 中，"键控"视频特效的"颜色键"视频特效可以根据指定的颜色将素材中像素值相同的颜色设置为透明，不仅突出了边缘处理，还能制作出类似描边的效

173

果,从而实现图像中的人物漂浮效果(见图 6-56)。

图 6-56 "颜色键"视频特效的应用方式及效果

在其"特效控制台"面板中(见图 6-57),"颜色键"特效各项参数的含义如下。

- 主要颜色:用于设置不透明度的颜色值。
- 颜色宽容度:用于设置颜色的容差范围,值越大所包含的颜色范围越广。
- 薄化边缘:用于设置边缘的粗细。
- 羽化边缘:用于设置边缘的柔化程度。

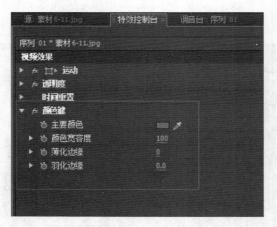

图 6-57 "颜色键"视频特效的"特效控制台"面板

6.4.5 时尚杂志合成效果

在 Premiere Pro CS6 中,"键控"视频特效的"颜色键"视频特效可以抠除人像背景,并将多个素材形成嵌套序列,方便统一操作;而使用"透视"类视频特效的"基本 3D"和"投影"视频特效可制作出空间效果,从而制作出时尚杂志合成效果(见图 6-58)。

图 6-58　"颜色键""基本 3D""投影"视频特效的应用方式及效果

案例 13　抠像合成技术综合应用——水墨芭蕾抠像合成

案例描述

案例中使用"极致键"视频特效可抠除人像的蓝色背景,还可以调整人像饱和度,为前景图案使用线性擦除特效可使画面效果过渡自然(见图 6-59)。

图 6-59　案例 13 样图

案例解析

在本案例中,需要完成以下操作:

- 新建项目并导入素材。
- 将素材分别拖动到时间线上进行编辑。
- 为素材添加相应的视频特效并进行相应设置。
- 保存项目文件,并在"节目"监视器窗口中观看效果。

案例 13　抠像合成技术
综合应用——水墨芭蕾
抠像合成

操作步骤

(1) 运行 Premiere Pro CS6,在欢迎界面中单击"新建项目"按钮,在"新建项目"对话框中选择项目的保存路径,对项目进行命名,单击"确定"按钮(见图 6-60)。

(2) 弹出"新建序列"对话框,在"序列预设"选项卡下"有效预设"区域中选择 DV-

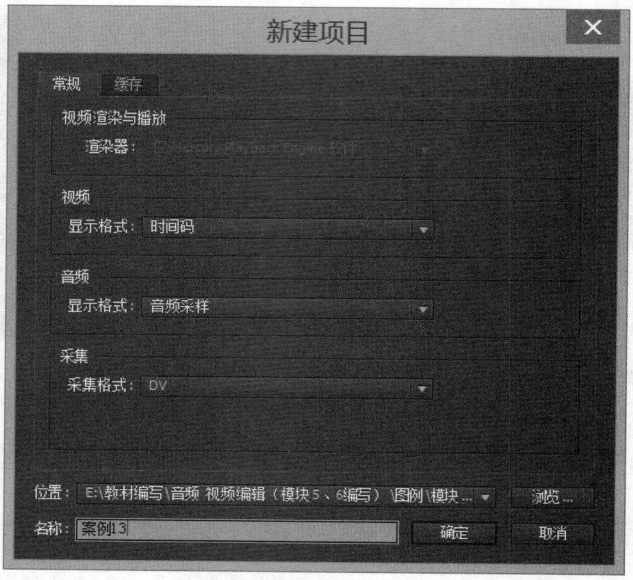

图 6-60　新建项目

PAL→"标准 48kHz"选项,对"序列名称"进行设置,单击"确定"按钮(见图 6-61)。

图 6-61　新建序列

（3）进入 Premiere Pro CS6 的操作界面，在"项目"窗口区域的空白处双击，导入案例所需要的素材（见图 6-62）。

图 6-62　导入素材

（4）将"项目"面板中的素材按图例拖动到时间线面板上的"视频 1""视频 2""视频 3"轨道上（见图 6-63）。

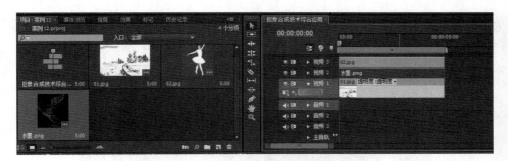

图 6-63　将素材拖动到时间线面板上

（5）选择时间线面板中的"水墨.png"素材文件，设置"缩放"为"71.0"，"位置"为"462.0,285.0"（见图 6-64）。

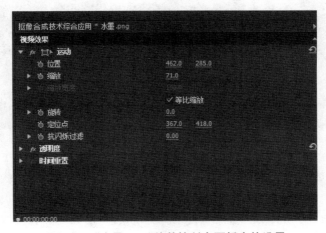

图 6-64　"水墨.png"特效控制台面板中的设置

(6) 选择时间线面板中的 "02.jpg" 素材文件，设置 "缩放" 为 "59.0"，"位置" 为 "369.0, 359.0" (见图 6-65)。

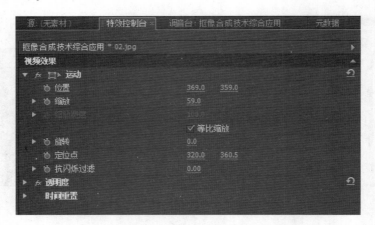

图 6-65　"02.jpg" 特效控制台面板中的设置

(7) 为时间线面板中的 "02.jpg" 素材添加 "极致键" 视频特效，然后单击 "键色" 后面的吸管工具 ，吸取素材的背影颜色，设置 "遮罩清理" 下的 "抑制" 为 "20.0"，"色彩校正" 下的 "饱和度" 为 "70.0" (见图 6-66)。

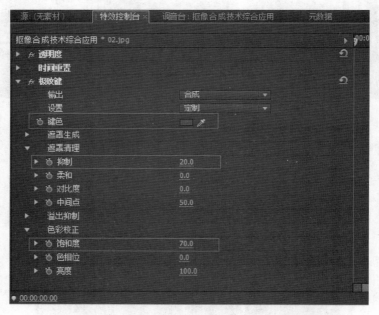

图 6-66　"02.jpg" 添加 "极致健" 视频特效的参数设置

(8) 将 "视频 2" 轨道上的 "水墨.png" 素材文件复制到 "视频 4" 轨道上。

(9) 为时间线面板中 "视频 4" 轨道中的 "水墨.png" 素材文件添加 "线性擦除" 视频特效，设置 "过渡完成" 为 "53％"，"擦除角度" 为 "170.0°"，"羽化" 为 "10.0" (见图 6-67)。

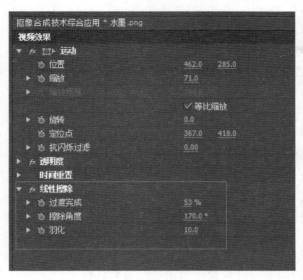

图 6-67 "视频 4"轨道上的"水墨.png"添加"线性
擦除"视频特效的参数设置

（10）保存项目文件，并在"节目"监视器窗口中观看效果。

流 程 图

本案例的流程如图 6-68 所示。

图 6-68 抠像合成技术综合应用流程图

 课堂练习

1. 图像变暗或者变亮,但是图像中阴影部分和高亮部位受影响较少,应该调整(　　)参数。

    A. Gamma   B. Pedestal

    C. Gain   D. Shadows

2. Premiere Pro 的特效控制窗口可以进行(　　)调整操作。

    A. 运动   B. 特效

    C. 切换   D. 速度

3. 在 Premiere Pro 中,以下(　　)图像控制效果无法设置关键帧。

    A. 黑 & 白   B. 更改颜色

    C. 颜色替换   D. 色彩均化

4. 下面(　　)特效需要在设置中指定一个视频轨道。

    A. 图像遮罩键   B. 轨道遮罩键

    C. Alpha 调整   D. 色度键

5. 如果场景中有一些不需要的东西被拍进来,使用下列(　　)特效可以屏蔽杂物。

    A. 色键   B. 蒙版扫除

    C. 遮罩   D. 运动

课后思考

1. 在 Premiere Pro 中怎样为一段素材添加多个视频特效,并使它们随着时间的不同产生变化?

2. 遮罩抠像有哪几种?各自的特点是什么?

课后实战

1. 按照图例所示,结合素材,改变沙发上靠垫的颜色(见图 6-69)。

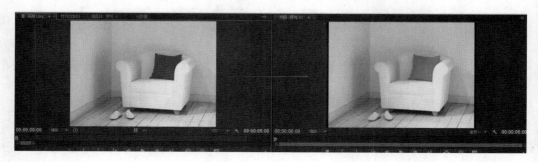

图 6-69　实训一

2. 按照图像所示完成梦想空间抠像合成的效果(见图 6-70)。

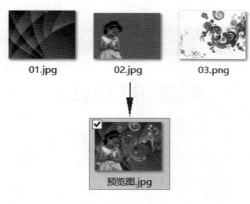

01.jpg   02.jpg   03.png

预览图.jpg

图 6-70   实训二

影视综合编辑

Premiere 的功能非常强大,仅使用 Premiere 的"选择工具"就可以创建和编辑整个项目,但如果希望进行精确地编辑,就需要深入学习 Premiere 更高一层的编辑功能。本模块介绍了 Premiere 的一些编辑技巧和中、高级编辑功能以及一些辅助工具和辅助软件的作用。

7.1 视频综合编辑

7.1.1 使用"素材"命令编辑

1. 使用"速度/持续时间"命令

使用"速度/持续时间"命令,可以改变素材的长度,加速或减慢素材的播放,或者使视频反向播放。

修改素材的播放速度或持续时间的步骤如下。

(1) 单击视频轨道中的素材,或者在时间线面板中选中,执行"素材→速度/持续时间"命令,打开"素材速度/持续时间"对话框,如图 7-1 所示。

(2) 在"速度"字段中输入值,输入大于 100% 的数值会提高速度,输入 0~99% 的数值将减小素材的速度,如果想反向播放素材,可选中"倒放速度"复选框,单击"确定"按钮,将素材设为新的速度。

图 7-1 "素材速度/持续时间"对话框

(3) 同样,修改"持续时间"时,在打开的对话框中先单击"链接"按钮,解除速度和持续时间之间的链接,然后输入一个持续时间值,不能将素材延长超出它的原始出点,设置完毕,单击"确定"按钮。

2. 使用"帧定格"命令

"帧定格"命令用于定格素材中的某一个帧,以使该帧出现在素材的入点到出点这段时间内,用户可以在入点、出点或标记点为 0 的位置创建定格帧,步骤如下。

(1) 选择视频轨道上的素材,如果想要定格入点和出点以外的某一帧,可以在"源"监视器中为素材设置一个未编号的标记。

（2）执行"素材→视频选项→帧定格"命令，打开"帧定格选项"对话框，如图7-2所示。

（3）在"帧定格选项"对话框中，选择在"入点""出点"或"标记0"处创建定格帧，要定格某一特定的帧，可在"源"监视器面板中，在需要定格的帧处设置标记0，并选择"标记0"选项。

（4）选中"定格在"复选框，防止关键帧的效果被看到，则选中"定格滤镜"复选框。要消除视频交错现象，选中"反交错"复选框，系统会移除帧的两个场中的一个，然后重复另一个场，以此消除交错视频中的场痕迹。

图7-2　"帧定格选项"对话框

3. 使用"编组"命令

选择多个素材，执行"素材→编组"命令将素材编组在一起，允许将这些素材作为一个实体进行移动或删除，编组素材可以避免不小心将某个轨道中的字幕和未链接的音频与其他轨道中的影片分离，将素材编组在一起后，在时间线面板上单击并拖曳，可以同时编辑所有素材。要取消编组，选择其中一个素材，执行"素材→取消编组"命令要单独选择编组中的某个素材，按 Alt 键，单击并拖曳该素材，注意：可以对一个编组中的素材同时应用"素材"菜单中的命令。

4. 使用"缩放为当前画面大小"命令

在时间线上选择素材，执行"素材→视频选项→缩放为当前画面大小"命令，可使所选素材的画幅与项目的画幅大小一致，此命令用于调整素材的比例。

下面我们通过案例"实现快慢镜头及倒放效果"来学习"速度/持续时间"的应用。

（1）新建项目，导入素材文件，并将素材拖到"视频1"轨道上，弹出"素材不匹配警告"对话框，如图7-3所示，单击"更改序列设置"按钮。

图7-3　"素材不匹配警告"对话框

（2）将"时间指示器"移到 00:00:14:00 处，选择工具箱中的"剃刀"工具 ，在时间线面板的"时间指示器"处单击，将视频素材分割。继续将"时间指示器"移到 00:00:26:00 和 00:00:30:00 处进行分割，如图7-4所示。

（3）在"视频1"轨道的第一段视频素材上右击，在快捷菜单中选择"速度/持续时间"选项，在对话框中设置"速度"为"30％"，并选中"保持音调不变"和"波纹编辑，移动后面的

图 7-4　切割素材(一)

素材"项,如图 7-5 所示。

（4）同样,选择第二段素材,右击,选择"速度/持续时间"选项,设置"速度"为"150％",并选中"保持音调不变"和"波纹编辑,移动后面的素材"项。

（5）选择第三段视频素材,执行"编辑→复制"命令,将"时间指示器"移到第三段视频和第四段视频之间,如图 7-6 所示。

【小技巧】　按上、下方向键,可在视频间隙间移动"时间指示器"。

（6）执行三次"编辑→粘贴插入"命令,将视频变成现在的七段,如图 7-7 所示。

图 7-5　设置"素材速度/持续时间"(一)

图 7-6　复制素材

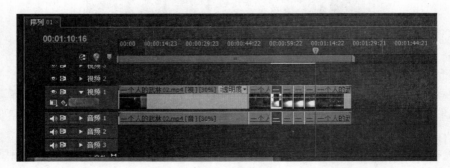

图 7-7　粘贴素材

（7）分别选择"第二段"和"第四段"视频，执行"素材速度/持续时间"命令，在打开的对话框中选中"倒放速度"和"保持音调不变"两项，如图 7-8 所示。

（8）选择第七段视频素材，执行"素材→视频选项→帧定格"命令，在打开的对话框中选中"定格在→入点"，单击"确定"按钮，如图 7-9 所示。

图 7-8 设置"素材速度/持续时间"（二）

图 7-9 "帧定格选项"对话框

（9）快、慢、倒放、定格镜头制作完毕，将项目面板中的素材再次拖到时间线面板"视频 1"轨道所有素材的后面，对比播放，可看出效果，如图 7-10 所示。

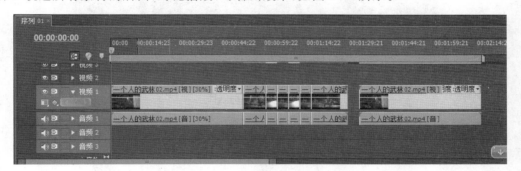

图 7-10 时间线上最终效果

7.1.2 复制、移动和粘贴素材

复制和移动操作在所有计算机软件的操作中是使用频率比较高的操作，在 Premiere 中，使用此操作可以轻松地将视频素材从时间线的一个部分复制粘贴或剪切粘贴到另一个部分，而且 Premiere 提供了"粘贴""粘贴插入""粘贴属性"三个粘贴命令，从而省去了很多操作步骤。

在素材上使用"复制"或"剪切"后，根据需要使用"粘贴""粘贴插入""粘贴属性"命令，可将素材"复制"或"移动"到时间线的另一个位置。

- "粘贴"命令会将素材粘贴到当前时间指示器处的所有素材上。
- "粘贴插入"命令会将粘贴的素材插入时间线间隙中。
- "粘贴属性"命令会将一个素材的运动、透明度、音量和颜色等属性复制给另一个素材。

下面我们通过案例"制作循环播放的画中画效果"来学习"粘贴属性"命令的应用。

（1）新建项目文件"制作循环播放的画中画"，导入 4 个视频文件，添加一个视频轨道，

并把视频素材"喜乐街"添加到"视频1"轨道上，单击"更改序列设置"按钮，如图7-11所示。

图7-11 "素材不匹配警告"对话框

（2）选择"视频1"轨道上的视频素材，执行"素材→解除视音频链接"命令，并选择音频文件，按Delete键删除。

（3）使用同样的方法，将其他3个视频素材分别拖到"视频2""视频3""视频4"轨道上，并将音频删除，如图7-12所示。

图7-12 添加素材

（4）选择"视频4"轨道中的素材，打开"特效控制台"面板，修改"位置"参数为"120.0，67.5"，"缩放比例"为"50.0"，如图7-13所示。

图7-13 设置"视频4"参数

（5）选择"视频 3"轨道中的素材，打开"特效控制台"面板，修改"位置"参数为"360.0，67.5"，"缩放比例"为"50.0"，如图 7-14 所示。

图 7-14　设置"视频 3"参数

（6）选择"视频 2"轨道中的素材，打开"特效控制台"面板，修改"位置"参数为"120.0，202.5"，"缩放比例"为"50.0"，如图 7-15 所示。

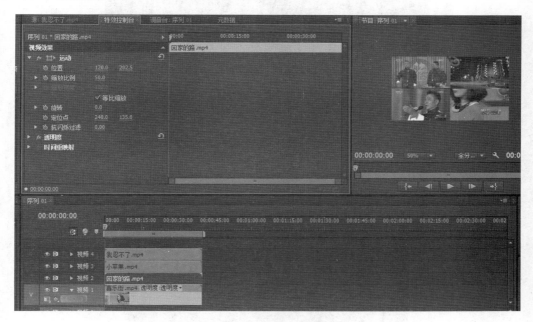

图 7-15　设置"视频 2"参数

（7）选择"视频 1"轨道中的素材，打开"特效控制台"面板，修改"位置"参数为"360.0，202.5"，"缩放比例"为"50.0"，如图 7-16 所示。

图 7-16　设置"视频 1"参数

（8）将 4 个视频轨道都选择，并框选 4 个素材，将"时间指示器"移到中间位置，按
Ctrl＋K 组合键将素材切割成两段，如图 7-17 所示。

图 7-17　切割素材（二）

（9）用同样的方法将素材再分割，如图 7-18 所示。

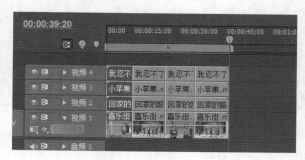

图 7-18　切割素材（三）

（10）选择"视频 4"的第一段，执行"编辑→复制"命令，再选择"视频 3"的第二段，执行"编辑→粘贴属性"命令。

用同样的方法，按下面画线的方向进行属性粘贴，如图 7-19 所示。

完成后，在"节目"监视器窗口中，4 个视频会按一定的规律在不同位置循环播放（以下标注的是喜乐街的循环位置），如图 7-20 所示。

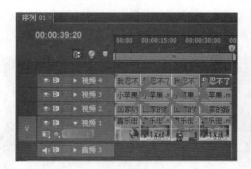

图 7-19　属性粘贴

图 7-20　播放效果

7.1.3　运动效果中位置坐标的计算

我们结合上面的案例解读位置坐标的计算方法。

首先，把其中一个素材导入到"视频 1"轨道中，选择"更改序列设置"，使序列和素材的尺寸相同（本例中序列和素材的尺寸为"480×270"），打开"特效控制台"，如图 7-21 所示。

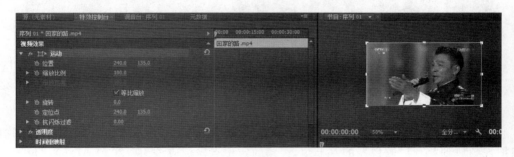

图 7-21　"特效控制台"效果

在"节目"监视器中的坐标分布是以左上角为起点，向右、下为正，左、上为负（箭头方向为正），如图 7-22 所示。

图 7-22　"节目"监视器效果

因为序列的大小为："480×270"，所以，4个顶点坐标分别为：左上(0,0)；左下(0,270)；右上(480,0)；右下(480,270)。那么，"特效控制台"中"位置"的参数"240.0,135.0"是什么意思呢？

我们在"特效控制台"上单击"运动"两个字，可以看到在"节目"监视器面板上视频素材的四周会出现控制块，中间会出现符号🔘，如图7-23所示，根据上面我们对顶点坐标的计算，我们会得出，符号🔘所在的坐标是(240.0,135.0)，正是"位置"参数数值，因为默认情况下，视频（或图片）中心为定位点，所以，视频（或图片）的定位点坐标就是"位置"的参数。

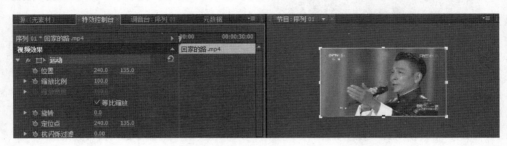

图7-23　计算坐标

我们现在把"位置"参数设为"0.0,0.0"，再看一下"节目"监视器中的变化，如图7-24所示。

图7-24　"节目"监视器效果

在上一案例中4个视频"缩放比例"都为"50.0"，视频大小为"240×135"。现在我们想把视频放到"节目"监视器的左上角，视频的定位点坐标应该为(120.0,67.5)，"位置"的参数为"120.0,67.5"，如图7-25所示。

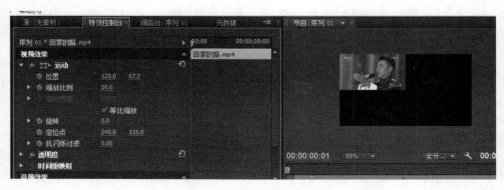

图7-25　修改"位置"参数（一）

右上角视频的"位置"参数为"360.0,67.5",如图 7-26 所示。

图 7-26　修改"位置"参数(二)

左下角视频的"位置"参数为"120.0,202.5",如图 7-27 所示。

图 7-27　修改"位置"参数(三)

右下角视频的"位置"参数为"360.0,202.5",如图 7-28 所示。

图 7-28　修改"位置"参数(四)

7.1.4　创建彩色蒙版和项目背景

1.创建彩色蒙版

"彩色蒙版"可以给文本或图形添加彩色背景,在 Premiere 中,"彩色蒙版"是一个可以覆盖整个视频的纯色蒙版。它不仅可以用作背景,还可以作为临时轨道的点位符。

使用彩色蒙版的优点之一是它的通用性,在创建完颜色遮罩后,可以很轻松地修改蒙版的颜色,不用再创建其他蒙版。操作步骤如下。

（1）新建项目，执行"文件→新建→彩色蒙版"命令，弹出"新建彩色蒙版"对话框，单击"确定"按钮，如图 7-29 所示。

（2）在弹出的"颜色拾取"对话框中选择蒙版颜色，单击"确定"按钮，如图 7-30 所示。

（3）在弹出的"选择名称"对话框中输入彩色蒙版的名称，并单击"确定"按钮，如图 7-31 所示。

（4）此时，彩色蒙版会显示在"项目"面板中，要使用彩色蒙版，只需将它从"项目"面板拖进时间线面板的视频轨道上即可。

图 7-29 "新建彩色蒙版"对话框

图 7-30 "颜色拾取"对话框

图 7-31 "选择名称"对话框

2. 在 Photoshop 中创建项目背景

对于创建全屏背景蒙版或者背景而言，Photoshop 是一个功能非常强大的程序，在 Photoshop 中不仅可以编辑图像，还可以创建黑白、灰度或彩色图像来做背景模板。下面通过从 Premiere 项目中创建 Photoshop 渐变背景来了解 Photoshop 的一些简单功能。操作步骤如下。

（1）在当前项目中执行"文件→新建→Photoshop 文件"命令，在打开的"新建 Photoshop 文件"对话框中单击"确定"按钮，如图 7-32 所示。

（2）在打开的"存储 Photoshop 文件为"对话框中输入文件名"渐变背景"，单击"保存"按钮，如图 7-33 所示。

（3）Premiere 通过屏幕上保存的 Photoshop 文件启动 Photoshop，Photoshop 图像窗口中会出现动作安全框和字幕安全框，如图 7-34 所示，这时，Photoshop 文件也会出现在 Premiere

图 7-32 "新建 Photoshop 文件"对话框

图 7-33　"存储 Photoshop 文件为"对话框

的"项目"面板中。

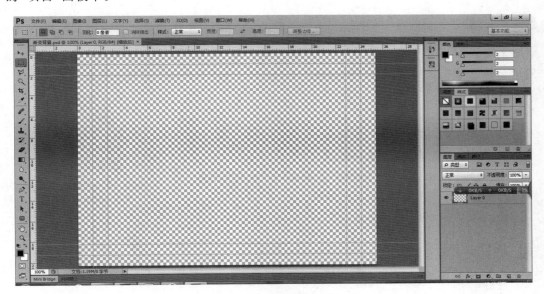

图 7-34　"Ps"窗口

（4）在 Photoshop 的工具面板中选择"渐变工具"，设置渐变类型及颜色，然后在图像窗口中拖曳，为背景填充渐变，如图 7-35 所示。

（5）执行"文件→存储"命令保存文件，退出 Photoshop 文件。

（6）要将 Photoshop 文件用作正在使用的 Premiere 项目的背景，可以将"渐变背景"从"项目"面板拖到时间线面板的轨道中即可。

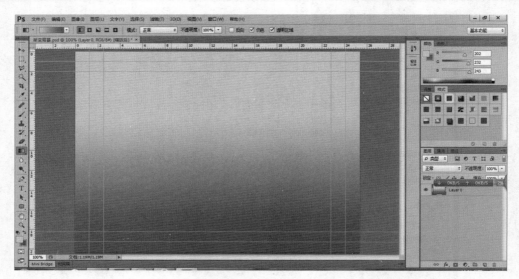

图 7-35　设置背景

案例 14　三维空间动画

案例描述

本案例主要运用"边角固定"制作三维空间效果，应用关键帧出现动画效果，为三维空间增加动态效果。"彩色蒙版"和辅助工具"Photoshop"软件的应用使效果更加完美。

案例解析

在本案例中，需要完成以下操作：

案例 14　三维空间动画

- 利用"彩色蒙版"创建墙面。
- 使用 Photoshop 软件创建"天花板"和"地板"效果。
- 使用"边角固定"创建立体效果。
- 使用"关键帧"创建动画效果。

操作步骤

1. 利用彩色蒙版和 Photoshop 文件为空间创建墙面

（1）新建项目文件"三维空间动画"，选择 DV-PAL→"标准 48kHz"模式。

（2）执行"文件→新建→彩色蒙版"命令，在打开的对话框中保留默认设置，单击"确定"按钮，如图 7-36 所示。

（3）在打开的"颜色拾取"对话框中拾取白色，单击"确定"按钮。

（4）在打开的"选择名称"对话框中输入名称，单击"确定"按钮，用同样的方法再建一个浅灰色的蒙版。

（5）执行"文件→新建→Photoshop 文件"命令，设置存储路径，输入文件名为"天花板"单击"保存"按钮,打开 Photoshop 文件编辑窗口。

　　(6)执行"编辑→填充"命令,选择"扎染"图案,单击"确定"按钮,如图 7-37 所示。

图 7-36　"新建彩色蒙版"对话框

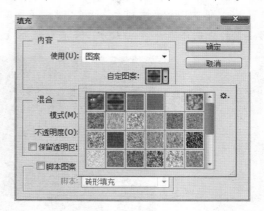

图 7-37　"填充"对话框

　　(7)执行"文件→存储"命令,退出 Photoshop 文件。这样就新建了一个"天花板"的 PSD 文件。用同样的方法再新建一个名为"地板"的 PSD 文件,如图 7-38 所示。

　　2.添加视频轨道

　　(1)执行"序列→添加轨道"命令,打开"添加视音轨"对话框,将添加视频轨的数量改为 3,音频轨的数量改为 0,单击"确定"按钮,如图 7-39 所示。

图 7-38　"项目"面板效果

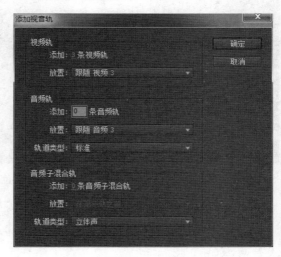

图 7-39　"添加视音轨"对话框

　　(2)打开时间线面板,可以看到面板中的视频轨道增加到了 6 条。

　　3.添加"边角固定"效果并设置动画

　　(1)将"彩色蒙版 灰"添加到时间线面板的"视频 1"轨道中,并将"时间指示器"移动到 00:00:00:00 的位置。

（2）打开"效果"面板，将"扭曲"文件夹中的"边角固定"特效添加到该素材上，并展开"特效控制台"面板。

（3）单击"特效控制台"面板中"边角固定"特效下的"右上"和"右下"前的"切换动画"按钮 ，分别添加一个关键帧，保持参数不变，如图7-40所示。

图7-40　设置"边角固定"参数

（4）将"时间指示器"移到00:00:04:00的位置，然后将"右上"的参数改为"180.0，144.0"；"右下"的参数改为"180.0，432.0"，如图7-41所示。

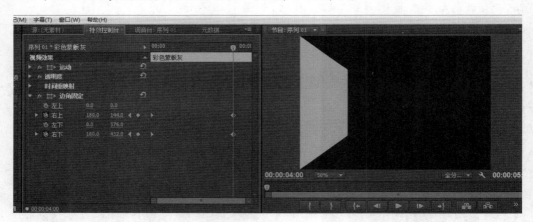

图7-41　修改"位置"参数

（5）将"彩色蒙版 灰"添加到时间线面板"视频2"轨道上的00:00:04:00处。

（6）将"边角固定"特效添加到该素材上，并打开"特效控制台"添加"左上"和"左下"的关键帧，如图7-42所示。

（7）将"时间指示器"移到00:00:08:00的位置，并将"左上"的参数改为"540.0，144.0"；"左下"的参数改为"540.0，432.0"。

（8）将"天花板"素材添加到时间线面板"视频3"轨道的00:00:08:00处，如图7-43所示。

（9）将"边角固定"特效添加到该素材上，并添加"左下"和"右下"的关键帧。

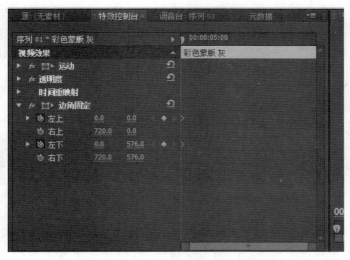

图 7-42　添加"关键帧"

图 7-43　添加素材

(10) 将"时间指示器"移到 00:00:12:00 的位置，并将"左下"的参数改为"180.0,144.0"；"右下"的参数改为"540.0,144.0"。

(11) 将"地板"素材添加到时间线面板"视频 4"轨道的 00:00:12:00 处，并将"边角固定"特效添加到该素材上，打开"特效控制台"添加"左上"和"右上"的关键帧。

(12) 将"时间指示器"移到 00:00:16:00 的位置，并将"左上"的参数改为"180.0,432.0"；"右上"的参数改为"540.0,432.0"。

(13) 将"彩色蒙版 白"素材添加到时间线面板"视频 5"轨道的 00:00:16:00 处，并展开"特效控制台"面板的"运动"效果，单击"缩放比例"前面的"切换动画"按钮 ，创建一个关键帧。

(14) 将"时间指示器"移到 00:00:20:00 处，并把"缩放比例"改为"50.0"，如图 7-44 所示。

(15) 将"视频 1"～"视频 4"轨道中的素材调整到与"视频 5"轨道上的素材对齐。

(16) 将项目面板中"彩色蒙版灰"右击，替换素材，替换成"城市左"的照片，用同样的

音频视频编辑

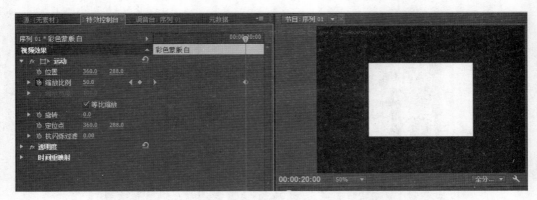

图 7-44 设置"缩放比例"

方法,将"天花板"和"地板"都分别替换成"中国制造上"和"地铁下"的图片,并将"定版LOGO"导入放在视频轨道 6 上,将"彩色蒙版白"的缩放关键帧复制到"定版 LOGO"上面,最终效果图如 7-45 所示。

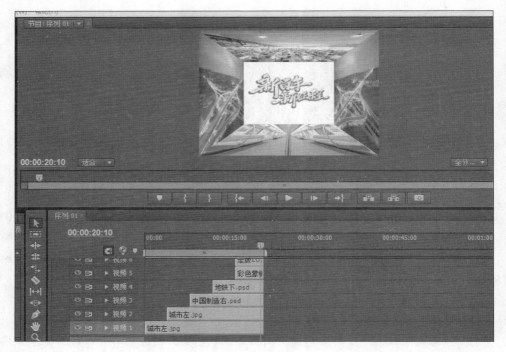

图 7-45 最终效果

4. 播放并导出

略。

  流程图

本案例的流程如图 7-46 所示。

图 7-46　三维空间动画流程图

7.2　运 动 效 果 的 综 合 应 用

　　Premiere 的运动效果用于缩放、旋转和移动素材,通过"运动"效果制作动画,再加上关键帧的应用,可以使原本枯燥乏味的图像活灵活现,还可以实现视频镜头的拉伸、运动等效果。

　　当选中时间线面板上的一个素材时,"特效控制台"面板上就会显示运动控件,在"特效控制台"面板上单击"运动"旁边的三角按钮,展开"运动"控件,其中包含"位置""缩放比例""缩放宽度""旋转"和"定位点"等控件。

7.2.1　关键帧的插值

　　关键帧的插值是优化关键帧处理的工具,它可以对关键帧动画的过程进行控制,以减缓关键帧进入或离开的速度,避免动画的突兀过度,使动画效果更加逼真。

　　关键帧插值有以下两种。

1. 空间内插值

　　空间内插值是指运动的路径,即表示素材出现在屏幕上的位置,它能修改素材的位置。在运动位置参数中有空间内插值,通过空间内插值的修改可以使位移动画产生平滑或突兀的变化效果。在使用非运动特效时,都没有屏幕位置的变化,所以没有空间内插值。

　　空间内插值有线性、曲线、自动曲线和连续曲线四种插值方法。

　　下面通过几个操作步骤使用"特效控制台"面板和"节目"监视器面板来讲解空间内插值的使用。

　　(1)新建项目文件,导入素材图片,将素材图片添加到"视频 1"轨道上,并使用"选择"工具将素材的长度延长到 25 秒。

　　(2)选择"视频 1"中的素材,打开"特效控制台",将"缩放比例"的数值改为 10,双击"节目"监视器中的素材,并将素材拖动到"节目"监视器的右下角位置,如图 7-47 所示。

　　(3)单击"位置"前面的"切换动画"按钮 ,在 00:00:00:00 的位置添加一个关键帧,

音频视频编辑

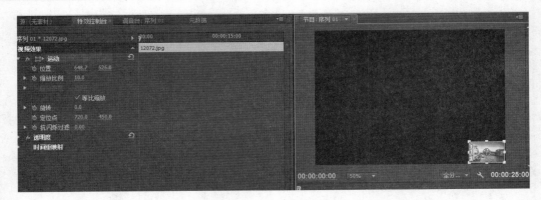

图 7-47　"节目"监视器效果

单击"位置"前的"展开"按钮 ▶。

（4）移动"时间"指示器，单击"添加/移除关键帧"按钮 ◆，并将"节目"监视器中的素材向左上移动一段距离，如图 7-48 所示。

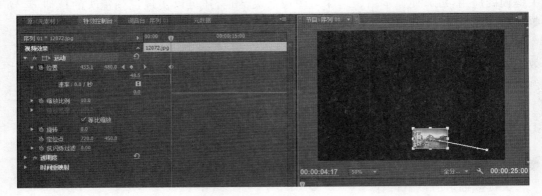

图 7-48　添加"关键帧"

（5）继续添加关键帧，并移动素材位置，如图 7-49 所示。

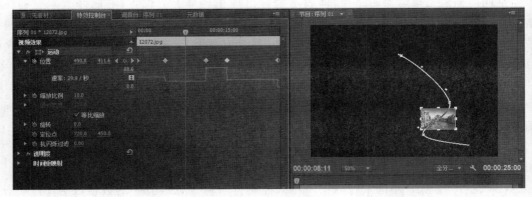

图 7-49　移动素材位置

这时你会发现它的路径是由平滑的曲线组成的,原因是因为 Premiere Pro CS6 中默认的空间插值方法是"自动曲线"。在其中一个关键帧上右击,选择"空间插值"选项,如图 7-50 所示。

图 7-50 空间插值

"空间插值"有四种插值方法,分别是"线性""曲线""自动曲线"和"连续曲线"。

(6)"线性":选择这种方法后,该关键帧前面的路径会变成直线。我们在第二个关键帧上右击,选择插值方法为"线性"后,结果如图 7-51 所示。

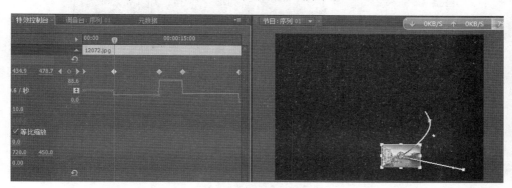

图 7-51 "线性"插值

(7)"曲线":选择此项后,在关键帧位置会产生两个控制柄,如图 7-52 所示。

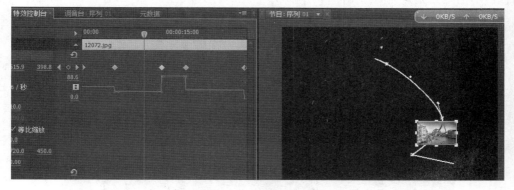

图 7-52 "曲线"插值

注意：这两个控制柄是独立的，一侧调整的时候另一侧不受干扰，可以独立设置方向和曲率，如图 7-53 所示。

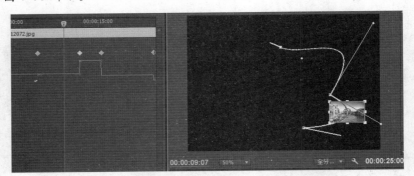

图 7-53　"曲线"插值效果

（8）"自动曲线"：选择该项后，在关键帧的两侧会产生两个点，并且自动变为比较平滑的曲线，如图 7-54 所示，当调整线后，会自动变成"连续曲线"。

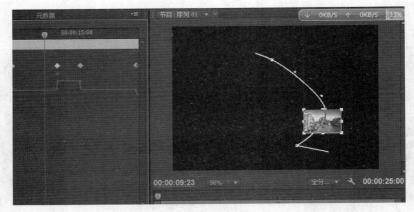

图 7-54　"自动曲线"效果

（9）"连续曲线"：选择该项后，会在该关键帧位置的两侧产生两个控制器柄，与"曲线"不同之处是这两个控制柄在调整的时候具有关联性，一侧调整；另一侧也跟着变化，而且是反方向变化，如图 7-55 所示。

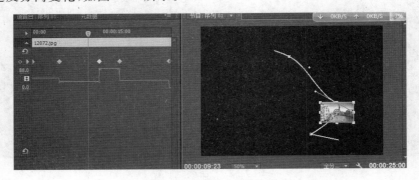

图 7-55　"连续曲线"效果

2. 临时内插值

临时内插值是指速度的变化。在使用空间内插值时,两个关键帧之间运动是匀速运动,我们可以使用临时内插值对速度进行调整,使关键帧之间淡入、淡出、先快后慢等更复杂的速度变化。

临时内插值有线性、曲线、自动曲线、连续曲线、保持、缓入、缓出七种插值方法,每使用一种,关键帧的样式都会发生变化。临时内插值的使用方法和空间内插值的使用方法相同,我们接着空间内插值的讲解步骤继续加以说明。

(1)"线性":是默认的临时内插值方法,使用此方法,两个关键帧之间的运动是匀速运动,没有速度的变化。关键帧的样式是 ◆ 。在关键帧上右击,选择快捷菜单中的"临时内插值→线性"选项。

关键帧之间的线是直线,速度没有变化,如图 7-56 所示。

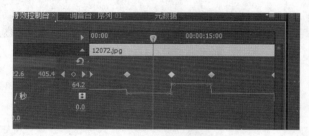

图 7-56　"线性"效果

(2)"曲线":选择此方法后,关键帧的样式变为 ⋈ ,位置曲线变为带有两个独立控制柄的曲线,如图 7-57 所示。

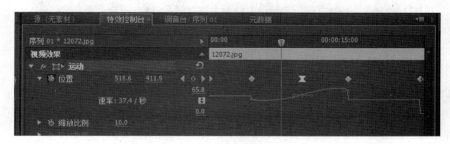

图 7-57　"曲线"效果

在此状态下,可以独立调整两个控制柄,使关键帧前后的速度变化更复杂,如图 7-58 所示,该曲线表示:关键帧前面的速度是先慢再逐渐变快,到关键帧处一下变慢到速度接近零,关键帧后再逐渐变快直到下一关键帧。

(3)"自动曲线":选择此方法后,关键帧的样式会变成 ● ,关键帧两侧产生两个点,位置曲线是自动创建的比较平滑的曲线,如图 7-59 所示。

在此状态下,不允许调节曲线的形状,素材以平滑的变速运动,运动起伏比较小。调节曲线形状后,会自动选择"连续曲线"的插值方法。

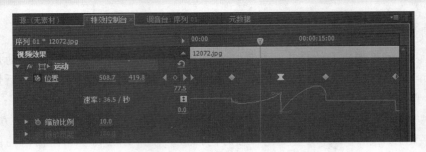

图 7-58 设置"曲线"效果

图 7-59 "自动曲线"效果

（4）"连续曲线"：选择此方法后，关键帧的样式会变成 ▓，关键帧两侧产生两个相关联的控制柄，如图 7-60 所示。

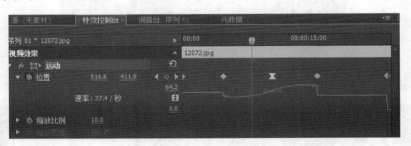

图 7-60 "连续曲线"效果

在此状态下，调节一侧的控制柄，另一侧以反方向自动调整。

（5）"保持"：选择此方法后，关键帧样式会变成 ◀，位置曲线变成两侧都为直线，而且关键帧后面的速度为 0，在"节目"监视器中的路径被删除，如图 7-61 所示。

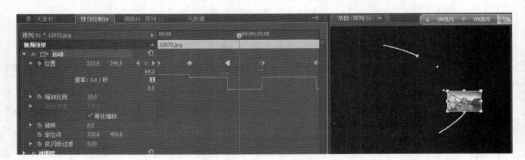

图 7-61 "保持"效果

在此状态下,可以上下拖动控制线 调整关键帧前面的速度大小,关键帧到下一关键帧之间速度为 0,在"节目"监视器中显示状态是在此关键帧处停止运动,然后直接跳到下一帧。

(6)"缓入":使用此方法后,关键帧的样式会变成 ,位置曲线变成一侧有控制柄的曲线,如图 7-62 所示。

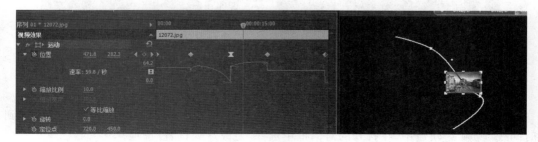

图 7-62 "缓入"效果

注意:此方法对关键帧前面的速度有影响,关键帧后面的速度没改变,不适用起点关键帧。

(7)"缓出":和"缓入"方法相似,只是方向相反,它是对关键帧后面的速度进行调整,关键帧前面的速度没影响。它不适用于终点关键帧。

7.2.2 利用"时间重映射"调整素材的播放速度

"时间重映射"控件允许使用关键帧调节素材随时间变化的速度,使用时间重映射,可以通过设置关键帧使素材在不同时间间隔中加速或减速,也可以使素材静止不动或倒退,"时间重映射"控件可以在"特效控制台"面板中找到,也可以显示在时间线面板上。

(1)在"特效控制台"面板中设置时间重映射,首先,打开"特效控制台"面板,然后单击时间线面板中的视频素材,再单击"时间重映射"左侧的三角,显示"速度"百分比值。

(2)在时间线面板中显示时间重映射,首先单击"显示关键帧"图标 ,在打开的下拉菜单中执行"时间重映射→速度"命令,如图 7-63 所示。

图 7-63 显示"速度"项菜单

使用"选择工具"上下拖曳速度线,便可以调整素材随时间变化的速度,向上拖曳速度线,可增加速度值,向下拖曳速度线,可降低速度值,如图 7-64 所示。

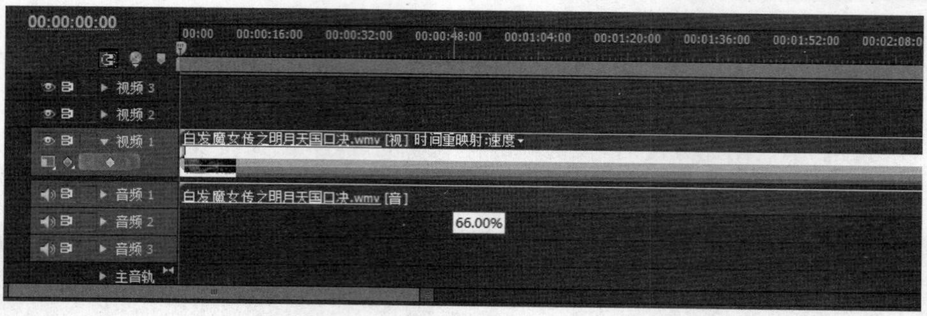

图 7-64 设置速度

下面我们通过案例来学习"时间重映射"的应用。

（1）新建项目文件"利用时间重映射实现快慢镜头"，导入视频文件，并将素材添加到时间线"视频 1"轨道中，在打开的对话框中选择"更改序列设置"选项。

（2）在时间线面板的视频素材上单击"透明度"后面的下拉箭头，在打开的菜单中执行"时间重映射→速度"命令。

（3）将"时间指示器"移到 00:00:11:00 的位置，按住 Ctrl 键，在时间线面板的素材上单击，会添加一个关键帧，如图 7-65 所示。

图 7-65 添加"关键帧"

（4）按住鼠标左键向下拖动关键帧前面的黄色线，会出现速度值的变化，直到速度变为 35%，如图 7-66 所示。

图 7-66 设置速度

（5）将"时间指示器"移到 00:00:45:00 的位置，再添加一个关键帧，并将中间速度设为"120%"。

（6）用同样的方法将第二个关键帧后的速度设为 50%。

（7）将"时间指示器"移到 00：00：50：12 的位置，添加关键帧，选择关键帧，按住 Ctrl＋Alt 组合键同时向右拖动该关键帧，这样就在此位置生成了静帧图像，如图 7-67 所示。

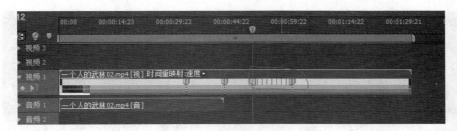

图 7-67 设置静帧图像

【小提示】 静帧图像是在此时间段内视频静止在一个帧上。

（8）选择时间线面板中素材上的第一个关键帧，将关键帧的左半部向左拖动，使关键帧分开，如图 7-68 所示。

图 7-68 设置分帧效果

（9）打开"特效控制台"，展开"时间重映射"控件，将分开的关键帧下面的控制柄拖动到和速度线的斜度吻合，如图 7-69 所示。

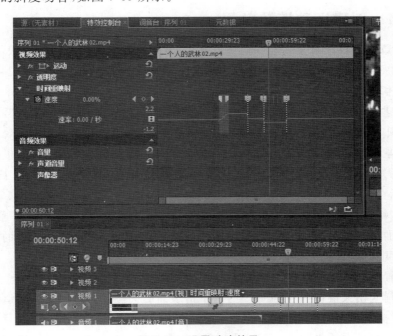

图 7-69 设置过渡效果

【小提示】 分帧效果是设置速度的平稳过渡效果,使速度变化比较平滑。

(10)用同样的方法为后面几个帧建立分帧效果,如图 7-70 所示。

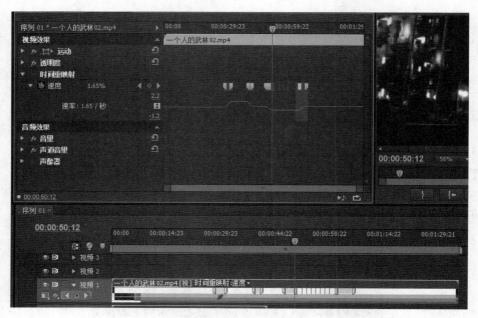

图 7-70　分帧效果图

(11)选择时间线上的素材,并将音频文件删除。

(12)测试播放效果并导出文件。

7.2.3　创建运动遮罩效果

移动遮罩是一种结合了运动和遮罩的特效,蒙版是在屏幕上移动的形状,蒙版内部有一个图像或视频,蒙版外面是背景图像。

下面我们通过案例来学习这部分知识。

(1)新建项目文件"创建花型自转遮罩",导入素材文件,并将视频素材"海底总动员"添加到"视频 2"轨道中,在打开的对话框中选择"更改序列设置"选项。

(2)将素材"花"拖到"视频 3"轨道上,选择素材,打开"特效控制台"面板,将"缩放比例"参数设置为"70.0",并使用"选择工具"将素材延长到和"视频 2"素材长度相同,如图 7-71 所示。

(3)在"特效控制台"面板中将"时间指示器"移到起始位置,单击"旋转"前的"切换动画"按钮,添加一个关键帧,再将"时间指示器"移到结束位置,单击"旋转"后的"添加/移除关键"按钮,再添加一个关键帧。

(4)设置"旋转"的参数为"3×0.0°"。

(5)选择起始关键帧,按住 Ctrl 键,再单击后面的关键帧,按 Ctrl+C 组合键,进行关键帧复制。

(6)将"项目"面板中的素材"花"添加到"视频 1"轨道中,与其他素材对齐,选择素材,

图 7-71　添加素材

打开"特效控制台",将"时间指示器"移到初始位置,按 Ctrl＋V 组合键进行粘贴关键帧,并将"缩放比例"参数改为"80.0"。

(7) 打开"效果"面板,展开"视频特效"中的"键控"文件夹,将"轨道遮罩键"添加到"视频 2"轨道的视频素材上,并打开特效控制台,展开"轨道遮罩键"控件,设置"遮罩"的选项为"视频 3",如图 7-72 所示。

图 7-72　最终效果

(8) 测试播放效果并导出视频文件。

案例 15 新百年、新征程——片头制作

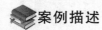**案例描述**

本案例综合运用"运动效果""转场特效"制作卷展效果,"无用信号遮罩效果"的应用使文字和视频逐渐展开,动态效果更加逼真、边缘粗糙,特效的应用使视频素材更加自然。希望同学们看到结尾新中国成立的视频能有所触动,历史的车轮永不停歇,奋斗者的脚步永远向前。对过去最好的致敬,是创造新的历史伟业,新百年、新征程,我们还要继续奋斗,勇往直前,创造更加灿烂的辉煌!

案例解析

在本案例中,需要完成以下操作:

- 使用"转场特效"和"运动效果"制作卷展效果。
- 使用"4点无用信号遮罩"制作文字出现效果。
- 使用"8点无用信号遮罩"制作视频出现效果。
- 使用"边缘粗糙"制作视频边缘。

案例 15 新百年、新征程——片头制作

操作步骤

1. 导入素材

① 新建项目文件"新百年、新征程——片头制作",选择 DV-PAL→"标准 48kHz"模式。

② 执行"文件→导入"命令,选择 PSD 文件"画轴",在打开的"导入分层文件"对话框中在"导入为"下拉框中选择"单层",并选中需要导入的图层,如图 7-73 所示,单击"确定"按钮,这样将两个 PSD 文件以文件夹形式导入项目面板中。

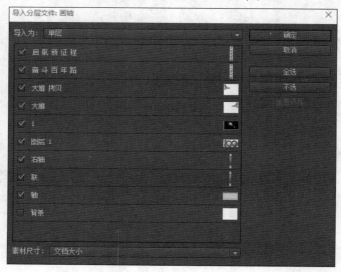

图 7-73 "导入分层文件"对话框

③ 再执行"文件→导入"命令,导入视频文件"新中国成立"。

④ 导入背景视频文件。

2. 创建卷展效果

① 执行"序列→添加轨道"命令,在打开的对话框中设置添加"6 条视频轨""0 条音频轨",单击"确定"按钮。

② 将"项目"面板中的"背景视频"导入视频 1 轨道中,并调整大小为 56.0,42.0。导入"联/画轴""左轴/画轴""右轴/画轴"分别拖到"视频 2""视频 3""视频 4"轨道中,如图 7-74所示。

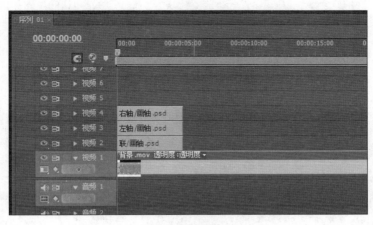

图 7-74　添加素材

③ 展开"效果"面板中"视频切换"文件夹中的"擦除"文件夹,将"擦除"特效添加到"视频 2"轨道的"联/画轴"素材的开头,如图 7-75 所示。

图 7-75　添加"擦除"特效

④ 在"擦除"效果上单击,打开"特效控制台",设置"持续时间"为"00:00:02:00",开始"19.0",如图 7-76 所示。

⑤ 选择"视频 4"轨道中的素材,打开"特效控制台"面板,单击"位置"前面的"动画切换"按钮,在素材的初始位置添加了一个关键帧。

⑥ 将"时间指示器"移到 00:00:01:00 处,设置"位置"参数为"187.0,288.0"(可以拖动水平位置参数,到画轴与联同步),如图 7-77 所示。

⑦ 将"时间指示器"移到 00:00:01:10 处,设置"位置"参数为"304.0,288.0"。

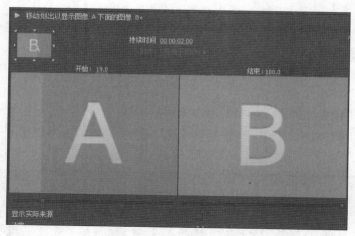

图 7-76 设置"持续时间"

图 7-77 设置"位置"参数

⑧ 将"时间指示器"移到 00:00:01:15 处,设置"位置"参数为"339.0,288.0"。

⑨ 将"时间指示器"移到 00:00:02:00 处,设置"位置"参数为"355.0,288.0",如图 7-78 所示。

图 7-78 "视频 4"效果

3．制作"100LOGO"字散开效果

① 将"项目"面板中的"100/画轴"拖到"视频 7"轨道中,如图 7-79 所示。

② 分别单击"缩放比例""旋转""透明度"前面的"切换动画"按钮，在 00:00:03:00 处为"缩放比例""旋转""透明度"添加关键帧,再将"时间指示器"移到 00:00:02:00 处再

图 7-79 设置"运动"参数

分别单击"添加/移除关键帧"按钮,设置"缩放比例"参数为"10.0";"旋转"参数为"2×0.00";"透明度"参数为"0.00"。

③ 将"时间指示器"移到 00:00:02:00 处,把"项目"面板中的"大雁/画轴、大雁拷贝/画轴"分别拖到"视频 5"和"视频 6"轨道上,并将"视频 1"~"视频 4"轨道上的素材向后延长,如图 7-80 所示。

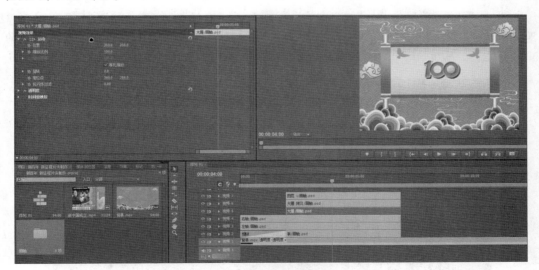

图 7-80 对齐素材

④ 选择"视频 6"轨道中的素材,将"时间指示器"移到 00:00:05:00 处,打开"特效控制台",分别单击"位置""缩放比例""旋转"前面的"切换动画"按钮,分别添加关键帧。

⑤ 将"时间指示器"移到 00:00:04:00 处,在"位置""缩放比例""旋转"后分别单击"添加/移除关键帧";"缩放比例"参数为"28.0";"旋转"参数为"1×0.0°",并框选所有的

关键帧,执行"编辑→复制"命令,如图 7-81 所示。

图 7-81　复制关键帧

⑥ 选择"视频 5"轨道中,在"特效控制台"中将"时间指示器"拖到素材起始位置,执行"编辑→粘贴"命令。

4. 制作文字出现和文字退出效果

① 将"项目"面板中的"奋斗百年路/画轴"文字拖到"时间指示器"的 00:00:05:00 处。

② 打开"效果"面板中的"视频特效"文件夹,将"键控"文件夹下的"4 点无用信号遮罩"添加到"视频 8"轨道上的素材上,分别在"4 点无用信号遮罩"的"下左"和"下右"的 00:00:05:00 和 00:00:06:00 处添加关键帧,如图 7-82 所示。

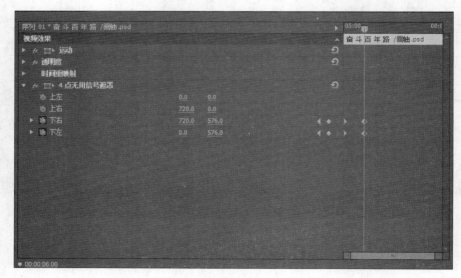

图 7-82　添加关键帧

③ 将"时间指示器"移到上一关键帧,单击"4 点无用信号遮罩"名称,将"监视器"面板中的"奋斗百年路"下的两个控制点拖到上面与上两个控制点重合,如图 7-83 所示。

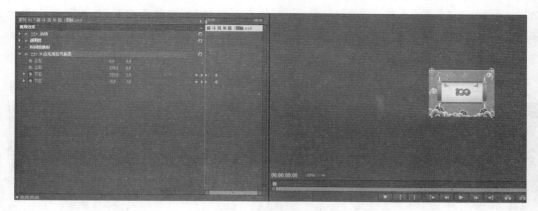

图 7-83　设置"控制点"位置

④ 将"项目"面板中的"启航新征程/画轴"添加到"视频 9"轨道的 00:00:05:00 处,选择素材。

⑤ 打开"效果"面板中的"视频特效"文件夹,将"键控"文件夹下的"4 点无用信号遮罩"拖到"视频 9"轨道上的素材上,选择"视频 8"轨道上的素材,在"特效控制台"中框选所有关键帧,按 Ctrl＋C 组合键,再选择"视频 9"轨道上的素材,并将"时间指示器"移到素材的起始位置,按 Ctrl＋V 组合键。

⑥ 将"时间指示器"移到 00:00:08:00 位置,用"选择工具"将"视频 5"～"视频 9"中的素材在该位置对齐,打开"效果"面板中的"视频切换"文件夹,将"擦除"文件夹中的"水波块"分别拖到"视频 5"～"视频 9"轨道上的素材结束处,如图 7-84 所示。

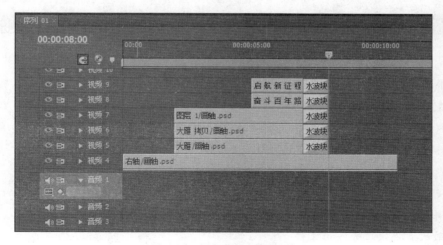

图 7-84　添加"水波块"特效

5. 创建视频效果

① 将"项目"面板中的视频文件"新中国成立序曲"添加到"视频10"轨道的00:00:08:00处,打开"效果"面板中的"视频特效"文件夹,把"键控"文件夹中的"8点无用信号遮罩"添加到视频素材上,单击"8点无用信号遮罩"名称,在"监视器"面板中调整8个控制点的位置,将"时间指示器"移到00:00:11:00处,为8个控制点添加关键帧,如图7-85所示。

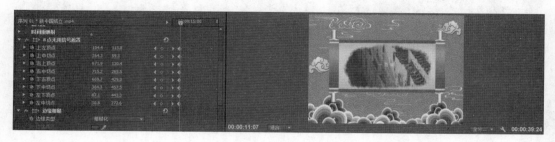

图7-85 添加关键帧

② 将"时间指示器"回到00:00:08:00处,在"监视器"面板中拖动8点控制点到中心位置,如图7-86所示。

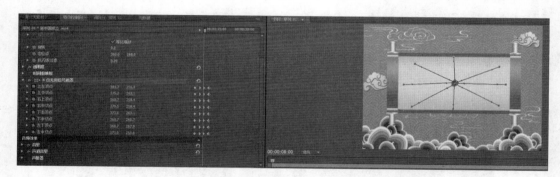

图7-86 移动"控制点"位置

③ 展开"效果"面板中的"视频特效"文件夹中的"风格化"文件夹,将"边缘粗糙"特效添加到"视频10"轨道的视频素材上,打开"特效控制台",设置"边缘粗糙"参数,修改"边框"参数为"50.0";"边缘锐度"为"0.10";"不规则碎片影响"为"1.00";"缩放"为"140.0";"伸展宽度或高度"为"-0.70";"偏移"为"-44.0,-33.0";"复杂度"为"4",其他不变。

④ 使用"选择工具"将"视频1"~"视频4"轨道上的素材与"视频10"轨道上的视频素材对齐,并将轨道10的视频结尾音频做"淡出"处理,如图7-87所示。

⑤ 测试播放效果并导出文件。

图 7-87 对齐素材

流 程 图

本案例流程如图 7-88 所示。

导入素材并创建彩色蒙版

创建卷展效果

制作"100LOGO"字散开效果

制作文字出现和文字退出效果

创建视频效果

测试播放并导出

图 7-88 "新百年、新征程"——片头制作"流程图

7.3 素材叠加及视频特效的综合应用

7.3.1 使用工具调整视频素材的透明度

在 Premiere 中,通过改变视频素材和静帧图像的透明度可以实现渐隐视频轨道的操作,时间线面板和"特效控制台"面板上都可以设置视频素材和静帧图像的透明度。

(1) 要想在时间线面板上调整素材的透明度,首先要展开时间线面板上的视频轨道,可以看到透明度选项,然后单击"显示关键帧"图标并选择"显示透明度控制"选项,就可以显示透明度图形线,透明度图形线出现在视频素材的下方。

(2) 在"特效控制台"面板上设置视频素材和静帧图像的透明度,可以选中时间线面板上的一个素材,"透明度"选项就会出现在"特效控制台"面板上。

如图 7-89 所示是两个素材渐隐的效果,其中"视频 1"轨道上放了一段"海底总动员"中的一个视频片断,"视频 2"轨道上放了一张夕阳落山的静帧图片,并设置图片透明度为60%,这样透过图片能看到视频,并改变了视频的色调。

图 7-89 素材渐隐效果

7.3.2 使用"键控"特效叠加

"键控"特效在效果面板中的"键控"视频特效文件夹中,方法如下。

(1) 将"项目"面板上的一个视频素材拖到"视频 1"轨道上。

(2) 将图片素材拖到"视频 2"轨道上,使图片素材覆盖在视频素材上。

(3) 选中"视频 2"轨道上的素材,打开"效果"面板,展开"视频特效"文件夹中的"键控"文件夹。

(4) 选择其中一个特效,并添加到"视频 2"轨道的素材上,在特效控件上根据需要进行调整。例如,添加"亮度键"视频特效后设置参数,也可以有叠加的效果,如图 7-90 所示。

图 7-90　设置"亮度键"效果

（5）按 Space 键预览效果。

下面通过案例来学习"键控"特效的应用——使用"无用信号遮罩"创建写字效果。

（1）新建一项目文件名为"写字效果"，选择 DV-PAL→"标准 48kHz"模式。

（2）单击"新建分项"按钮，选择"字幕"选项，打开"新建字幕"对话框，输入名称为"千"，单击"确定"按钮。

（3）在打开的字幕窗口中输入文字"千"，并设置大小和字体，如图 7-91 所示。

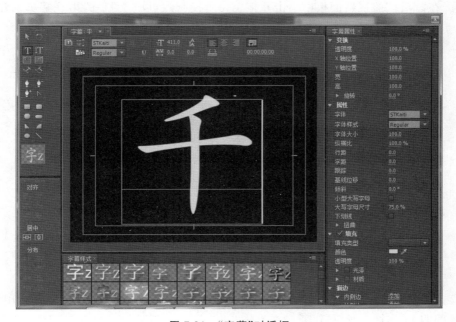

图 7-91　"字幕"对话框

（4）关闭字幕窗口，并在项目面板中将字幕文件"千"添加到"视频 1"轨道上。

(5) 打开"效果"面板,展开"视频特效"文件夹中的"键控"特效文件夹,将"4 点无用信号遮罩"添加到"视频 1"轨道的字幕素材上,选择字幕素材,打开"特效控制台",单击"4 点无用信号遮罩"名称,在"节目"监视器面板中可以看到字幕素材四周出现调整控件,如图 7-92 所示。

图 7-92 "节目"监视器面板

(6) 在"节目"监视器面板中单击并拖曳每个控制点,以"千"字的第一笔来创建蒙版,如图 7-93 所示。

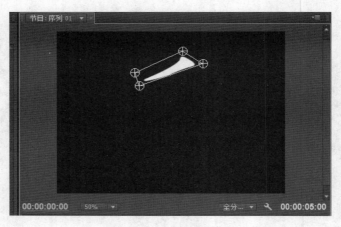

图 7-93 创建第一笔蒙版

(7) 将"时间指示器"移到 00:00:02:00 处,单击"特效控制台"面板上"4 点无用信号遮罩"下面的四个"切换动画"按钮 ,为"上左""上右""下左""下右"在 2 秒处都插入关键帧。

(8) 将"时间指示器"移到 00:00:00:00 处,单击"添加/移除关键帧"按钮 ,再次为"上左""上右""下左""下右"添加关键帧,并在"节目"监视器上将左边两个调整控件移到右边位置,如图 7-94 所示。

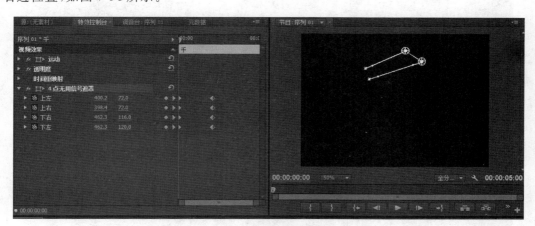

图 7-94　移动"调整控件"位置

(9) 将项目面板中的字幕文件"千"添加到"视频 2"轨道上的 00:00:03:00 处,并将"8点无用信号遮罩"添加到字幕文件上,单击"8点无用信号遮罩"名称,在"节目"监视器面板上出现 8 个控制点。

(10) 调整控制点,以"千"字的第二笔来创建蒙版(注意,为了做得精确,可以放大节目监视器的显示比例),如图 7-95 所示。

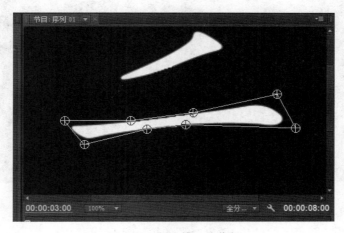

图 7-95　创建第二笔蒙版

(11) 将"4点无用信号遮罩"添加到"视频 2"轨道的素材上,并再次创建蒙版(注意:"8点无用信号遮罩"的作用是只显示字的第二笔,"4点无用遮罩"的作用是按笔顺逐渐显示第二笔,也就是动画显示)。

(12) 将"时间指示器"移动到 00:00:05:00 的位置,为"4点无用信号遮罩"的"上左""上右""下左""下右"添加关键帧,如图 7-96 所示。

(13) 将"时间指示器"移到 00:00:03:00 处,再次为"4点无用信号遮罩"的"上左""上右""下左""下右"添加关键帧,并将右边的两个控制点移到左边来,如图 7-97 所示。

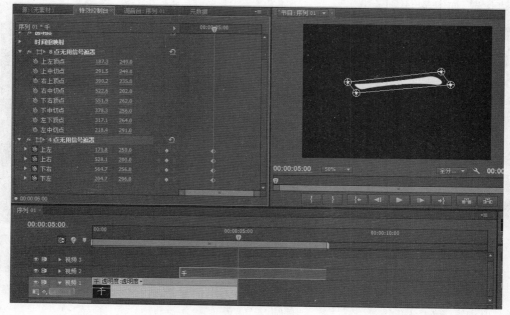

图 7-96　添加关键帧

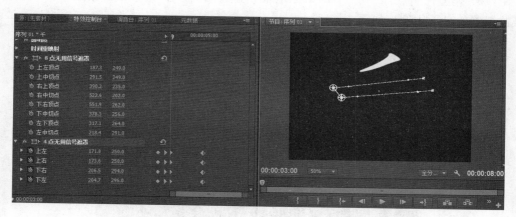

图 7-97　移动控制点

（14）用与第二笔相同的做法，做出"千"的第三笔，如图 7-98 所示。

（15）使用"选择"工具，将"视频 1"和"视频 2"轨道上的素材和"视频 3"轨道上的素材对齐，如图 7-99 所示。

（16）测试播放效果并导出文件。

7.3.3　多机位剪辑

随着影视行业的不断发展，为了满足不断变化的视觉要求，在视频剪辑中多机位剪辑成为后期制作中不可缺少的部分，多机位拍摄也成为影视行业流行的手段。

所谓多机位拍摄，就是多台摄像机在不同的方位在同一时刻对同一场景的拍摄。

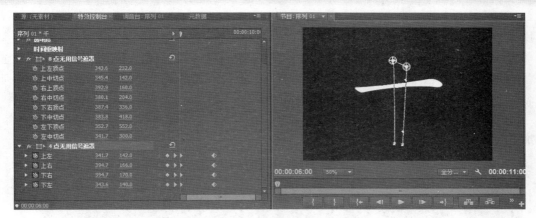

图 7-98　"千"的第三笔

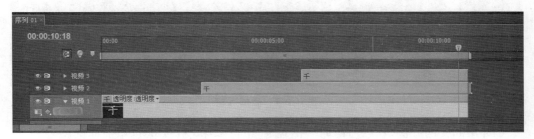

图 7-99　对齐素材

下面我们通过案例来对此知识点进行讲解。

（1）新建项目文件"多机位剪辑"，并导入素材，如图 7-100 所示。

图 7-100　导入文件

（2）因为三段视频和序列的尺寸都不一样，我们先建立一个序列，再调整画面大小，操作如下。

执行"文件→新建→序列"命令，在打开的"新建序列"对话框中选择"设置"选项卡，在"编辑模式"下拉框中选择"自定义"项，设置"画面大小"的参数为"522.0,288.0"，在"序列名称"中输入"多机位01"，单击"确定"按钮。

（3）在"项目"面板中选择"机位1"素材，打开"源"监视器面板，在歌曲的明显位置添加一个标记，如图7-101所示。

图 7-101　添加标记

（4）用同样的方法，在歌曲的同一位置为"机位2"和"机位3"也添加标记。

（5）将素材"机位1""机位2""机位3"分别添加到"视频1""视频2""视频3"轨道上，并对齐标记，如图7-102所示。

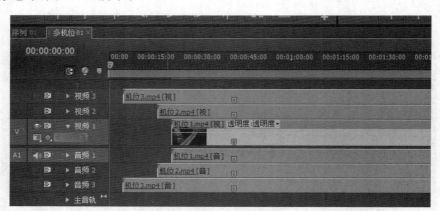

图 7-102　对齐标记

（6）将"机位2"和"机位3"素材使用"选择工具"与"机位3"对齐，并将三个素材移到时间线的初始位置，如图7-103所示。

（7）在时间线面板上选择所有素材，执行"素材→同步"命令，打开"同步素材"对话框，在对话框中选中"Clip Marker"，并在下拉框中选择"未命名标记"项，如图7-104所示。

（8）执行"文件→新建→序列"命令，在打开的对话框中选择"设置"选项卡，在"编辑模式"下拉框中选择"自定义"项，设置"画面大小"的参数为"522.0,288.0"，在"序列名称"

图 7-103　对齐素材

图 7-104　"同步素材"对话框

中输入"多机位 02",单击"确定"按钮。

（9）将"项目"面板中的"多机位 01"序列添加到"视频 1"轨道。

（10）选择"多机位 02"时间线面板中的素材,执行"素材→多机位→启用"命令来启用多机位。执行"窗口→多机位监视器"命令,打开"多机位"面板,如图 7-105 所示。

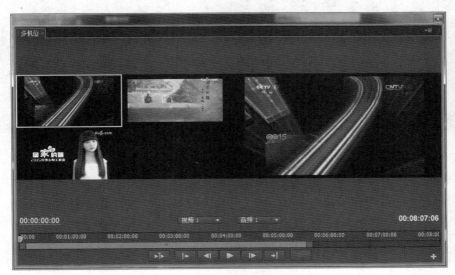

图 7-105　"多机位"面板

(11) 在"多机位"面板中选择录制后所放的视频轨道,如图 7-106 所示,再选择使用哪个素材中的音频。

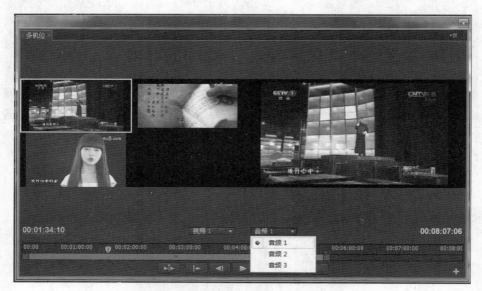

图 7-106　选择音频

(12) 单击"多机位"面板中的"录制开/关"按钮 ，再单击"播放/停止"按钮 ，然后在三个素材中单击需要录制的素材及长度。

(13) 录制完毕,再单击"播放/停止"按钮,结束录制,关闭"多机位"面板,时间线面板中变成一段段的视频,如图 7-107 所示。

图 7-107　时间线上效果

(14) 测试播放效果并导出文件。

【小提示】

① 使用"滚动编辑工具"和"波纹编辑工具"都可以对每段视频的出点和入点进行修改,也可以回到"多机位"面板中再编辑。

② 在录制的时候可以把录制轨道与素材所放视频轨道区别开,这样在编辑的时候更方便。

案例 16 "新百年、新征程"宣传片制作

案例描述

本案例通过"中国航天""中国交通""中国制造""文字遮罩"4 个序列和案例 15 合成一个完整的节目宣传片,运用"画中画""多画面""运动""轨道遮罩"等效果使节目更炫丽。

案例解析

在本案例中,需要完成以下操作:

案例 16 "新百年、新征程"宣传片制作

- 使用画中画效果制作"中国航天"序列。
- 使用多画面效果制作"中国交通"序列。
- 使用运动和视频切换效果制作"中国制造"序列。
- 使用轨道遮罩特效制作"文字遮罩"序列。
- 添加文字和视频切换特效合成最终效果。

操作步骤

(1) 制作"中国航天"序列。

① 新建项目文件"'新百年、新征程'宣传片制作",选择"DV-PAL→标准 48kHz"模式并导入素材。

② 执行"文件→新建→序列"命令,新建"中国航天"序列。

③ 将"项目"面板中的"中国航天"视频文件添加到"中国航天"时间线的"视频 1"轨道上。

④ 打开"效果"面板中的"视频特效"文件夹,将"模糊与锐化"文件夹中的"方向模糊"特效添加到"视频 1"轨道的素材上,并打开"特效控制台",展开"方向模糊"控件,分别在 00:00:00:00 和 00:00:16:00 处为"方向"和"模糊长度"添加关键帧,如图 7-108 所示。并设置后面关键帧的参数"方向"为"30.0°","模糊长度"为"6.0"。

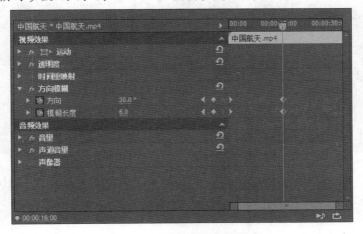

图 7-108 设置"方向模糊"参数

⑤ 将"音频过渡"中"交叉渐隐"文件夹中的"恒量增益"特效分别添加到"音频1"轨道素材的开始和结束处,并打开"特效控制台"设置"持续时间"为10秒。

⑥ 将"项目"面板中的"中国航天"视频文件添加到"中国航天"时间线的"视频2"轨道上,并"解除视音频链接",将音频文件删除。

⑦ 将"视频特效"中"透视"文件夹中的"斜角边"特效添加到"视频2"轨道的素材上,并设置"边缘厚度"参数为"0.05","照明角度"为"—18.0°","照明颜色"为"灰色","照明强度"为"0.60",并修改"位置"参数为"251.0,277.0",缩放比例为"75.0",如图7-109所示。

图7-109 设置"斜角边"参数

⑧ 将"视频特效"中"透视"文件夹中的"基本3D"特效添加到"视频2"轨道的素材上,并修改"旋转"参数为"—29.0°","倾斜"为"—3.0°","与图像的距离"为"25.0",如图7-110所示。

图7-110 设置"基本3D"参数

⑨ 为"位置"和"缩放比例"在00:00:00:00和00:00:03:00处分别添加关键帧,并修改前面关键帧的"位置"参数为"—182.7,140.3","缩放比例"为"15.0",如图7-111所示。

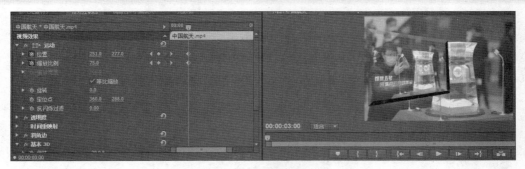

图 7-111　切割对齐素材

（2）制作"中国交通"序列。

① 执行"文件→新建→序列"命令，新建"中国交通"序列，将"项目"面板中的"中国交通"添加到"中国交通"序列中的"视频 1"轨道上，并将素材分割成三段，如图 7-112 所示。

图 7-112　切割素材

② 将"视频特效"中"风格化"文件夹中的"复制"特效添加到第二段视频上，并设置"复制"中参数为"2"，如图 7-113 所示。

图 7-113　设置"复制"参数

③ 将"视频特效"中"生成"文件夹中的"网格"特效添加到第二段视频上，并设置"定位点"参数为"0.0,0.0"，"边角"为"360.0,286.6.0"，"边框"为"8"，"混合模式"为"正常"，其他不变，如图 7-114 所示。

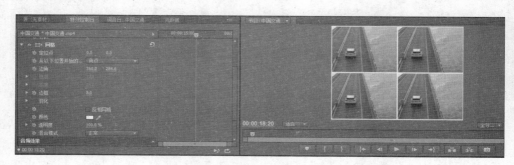

图 7-114　设置"网格"参数 1

④ 将"视频特效"中"风格化"文件夹中的"复制"特效添加到第三段视频上，并设置"复制"中参数为"3"。

⑤ 将"视频特效"中"生成"文件夹中的"棋盘"特效添加到第三段视频上，并设置"定位点"参数为"0.0,0.0"，"边角"为"240.6.0,192.1.0"，"颜色"为黄色，"透明度"为"80.0％"，"混合模式"为"色相"，其他不变，如图 7-115 所示。

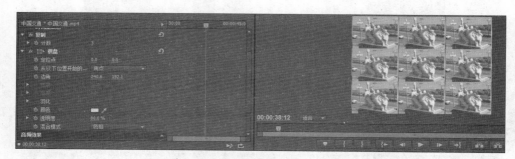

图 7-115　设置"棋盘"参数

⑥ 将"视频特效"中"生成"文件夹中的"网格"特效添加到第三段视频上，并设置"定位点"参数为"0.0,0.0"，"边角"为"240.0,191.6"，"边框"为"8.0"，"混合模式"为"柔光"，其他不变，如图 7-116 所示。

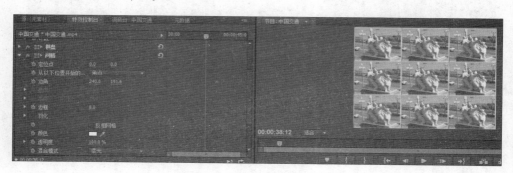

图 7-116　设置"网格"参数 2

⑦ 将"视频切换"中"3D运动"文件夹中的"帘式"特效分别添加到三段视频的切割点处,如图 7-117 所示。

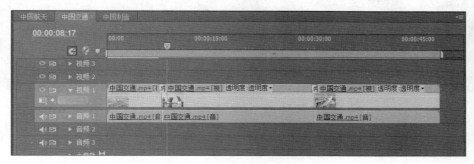

图 7-117　添加"3D 运动"效果

⑧ 将"恒量增益"音频转场特效添加到"音频 1"轨道上素材的开始和结尾处,并设置"持续时间"为 7 秒和 10 秒。

（3）创建"中国制造"序列。

① 执行"文件→新建→序列"命令,新建"中国制造"序列,将"项目"面板中的"中国制造"添加到"中国制造"序列中的"视频 1"轨道上。

② 再次将"项目"面板中的《中国制造》添加到"中国制造"序列中的"视频 2"轨道上,并"解除视音频链接",删除音频文件。

③ 选择"视频 2"轨道上的素材,打开"特效控制台",将"缩放比例"参数改为"25.0",并将"视频特效"中的"网格"特效添加到该素材上,设置"定位点"参数为"0.0,0.0","边角"为"720.0,576.6.0","边框"为"20.0","混合模式"为"正常",其他不变,如图 7-118 所示。

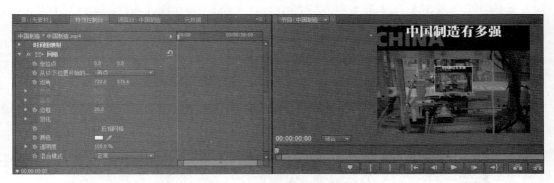

图 7-118　设置"网格"参数 3

④ 修改"位置"参数为"−107.0,305.0",将"时间指示器"移到 00:00:00:00 处,为"位置"和"旋转"各添加一个关键帧。

⑤ 将"时间指示器"移到 00:00:02:00 处,修改"位置"参数为"249.0,451.0","旋转"为"40.0°",如图 7-119 所示。

⑥ 展开"视频 2"轨道,在素材上单击"透明度"后的下拉箭头,选择"时间重映射"中的"速度"选项。

图 7-119　设置"位置"参数

⑦ 按住 Ctrl 键,在时间线素材上添加一个关键帧,选择该关键帧,按住 Ctrl＋Alt 组合键,将关键帧向后拖,如图 7-120 所示。

图 7-120　设置"静帧"效果

⑧ 选择"视频 2"轨道上的素材,执行"编辑→复制"命令,取消选择"视频 1"轨道,选择"视频 3"轨道,将"时间指示器"移到初始位置,执行"编辑→粘贴"命令,如图 7-121 所示。

图 7-121　复制素材

⑨ 展开"视频 3"轨道,将时间线上的关键帧删除,如图 7-122 所示。

⑩ 将"时间指示器"移到 00:00:04:00 处,修改"位置"参数为"300.0,105.0","旋转"为"－30.0°",按住 Ctrl 键,在时间线的素材上单击,按住 Ctrl＋Alt 组合键,将关键帧向后拖动。

图 7-122　复制"关键帧"

⑪ 添加一条视频轨道,将"视频 3"轨道上的素材复制到"视频 4"轨道上,并展开"视频 4"轨道将时间线上的关键帧删除。

⑫ 将"时间指示器"移到 00:00:06:00 处,修改"位置"参数为"535.0,-129.0","旋转"为"20.0°"。

⑬ 使用"选择工具"将"视频 3"轨道上的素材拖到 00:00:08:00 处,并将"视频切换"中"擦除"文件夹中的"擦除"特效添加到素材的结尾处,如图 7-123 所示。

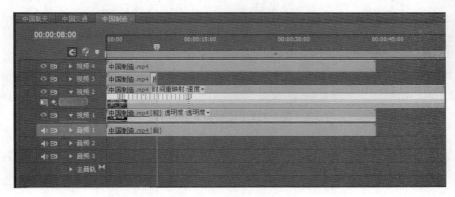

图 7-123　添加"擦除"特效

⑭ 同样,使用"选择工具"将"视频 2"轨道上的素材添加到 00:00:10:00 处,并将"视频切换"中"擦除"文件夹中的"擦除"特效添加到素材的结尾处。

⑮ 选择"视频 4"轨道上的素材,将"时间指示器"移到 00:00:12:00 处,修改"位置"参数为"240.0,279.0","旋转"为"-50.0°",并为"缩放比例"添加一个关键帧。

⑯ 将"时间指示器"移到 00:00:12:10 处,修改"缩放比例"参数为"45.0"。

⑰ 将"时间指示器"移到 00:00:12:20 处,修改"缩放比例"参数为"25.0",并为"位置"和"旋转"各添加一个关键帧,如图 7-124 所示。

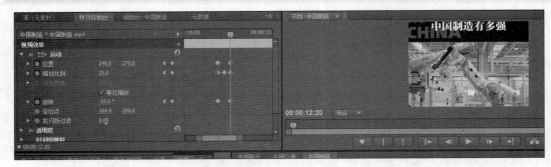

图 7-124　设置"运动"参数

⑱ 将"时间指示器"移到 00:00:16:00 处,修改"位置"参数为"—129.0,295.0","旋转"为"0.0°"。

⑲ 将"时间指示器"移到 00:00:31:00 处,将"视频 1"和"视频 4"轨道上的素材切割,并将后面素材删除。

⑳ 将"恒量增益"音频转场特效添加到"音频 1"轨道上素材的开始和结尾处,并设置"持续时间"为 5 秒,如图 7-125 所示。

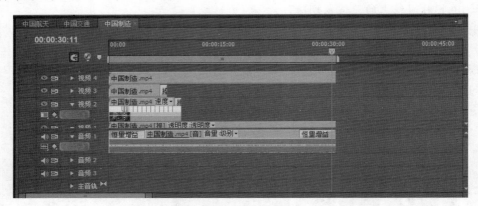

图 7-125　添加转场特效

(4) 创建文字遮罩序列。

① 执行"文件→新建→序列"命令,新建"文字遮罩"序列,将"项目"面板上的"中国医疗"视频文件添加到"文字遮罩"序列的"视频 2"轨道上,并"解除视音频链接"把"音频"素材删除。

② 执行"字幕→新建字幕→默认静态字幕"命令,在"名称"框中输入"新百年、新征程",单击"确定"按钮,如图 7-126 所示。

③ 在打开的"字幕"窗口中选择"输入工具"选项,输入文字"让我们以满怀豪情再创新世纪的辉煌",并设置字体样式,如图 7-127 所示,关闭"字幕"窗口。

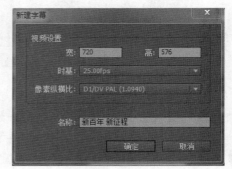

图 7-126　"新建字幕"对话框

图 7-127　输入文字

④ 新建"彩色蒙版",设置颜色为粉色,分别将"彩色蒙版"和字幕文件"新百年、新征程"添加到"视频 1"和"视频 3"轨道上,使用"选择工具"将三个轨道上的素材对齐到 00：00：10：00 处,删除"视频 2"轨道多余视频,如图 7-128 所示。

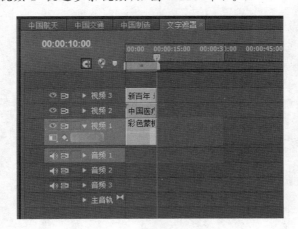

图 7-128　对齐素材

⑤ 选择"视频 3"轨道上的"新百年、新征程"字幕素材,打开"特效控制台",为"缩放比例"分别在 00：00：00：00 和 00：00：02：00 处添加两个关键帧,并设置前面关键帧的参数为"10.0"。

⑥ 将"视频特效"中"扭曲"文件夹中的"球面化"添加到"视频 3"轨道的素材上,设置"半径"参数为"160.0",球面中心参数为"-106.0,243.0",移动"时间指示器"到 00：00：

03:00处,为"球面中心"添加关键帧。

⑦ 移动"时间指示器"到00:00:05:00处,再为"球面中心"添加关键帧,并修改"球面中心"的参数为"826.0,243.0"。

⑧ 将"视频特效"中"键控"文件夹中的"轨道遮罩键"添加到"视频2"轨道的视频素材上,在"特效控制台"中选择"遮罩"参数为"视频3",如图7-129所示。

图 7-129　设置"遮罩"效果

(5) 制作效果合成序列。

① 执行"文件→新建→序列"命令,新建"效果合成"序列,设置如图7-130所示。

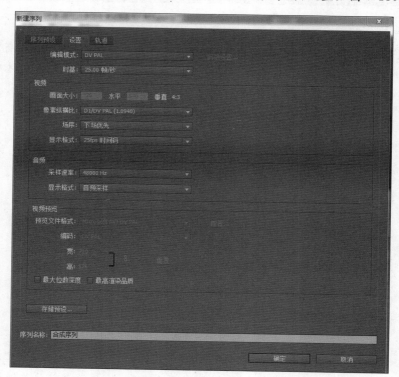

图 7-130　设置"新建序列"对话框

② 将"项目"面板中"新百年、新征程片头制作"添加到"效果合成"序列的"视频1"轨道上,选择"保持现有设置"。

③ 同样,将"项目"面板中的"中国航天""中国交通""中国制造""文字遮罩"序列添加到"视频 1"轨道上。

④ 新建游动字幕文件"中国航天"并设置字体样式,如图 7-131 所示。

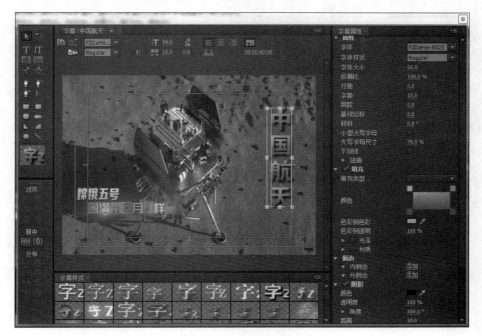

图 7-131 设置字体样式

⑤ 单击"滚动/游动选项"按钮,在对话框中设置参数,如图 7-132 所示。

图 7-132 "滚动/游动选项"对话框

⑥ 用同样的方法创建游走字幕文件"中国交通"设置"字幕类型"为"右游动",选中"开始于屏幕外"和"结束于屏幕外",如图 7-133 所示,再创建"中国制造"游走字幕文件,"字幕类型"为"左游动",选中"开始于屏幕外"和"结束于屏幕外",如图 7-134 所示。

⑦ 将"项目"面板中的字幕文件"中国航天""中国交通""中国制造"添加到"视频 2"轨道上,适当调整位置和长度,并将"视频切换"中的"3D 运动"文件夹中的"立方体旋转"特效添加到"视频 1"轨道的素材之间,如图 7-135 所示。

图 7-133　设置"小品"字幕

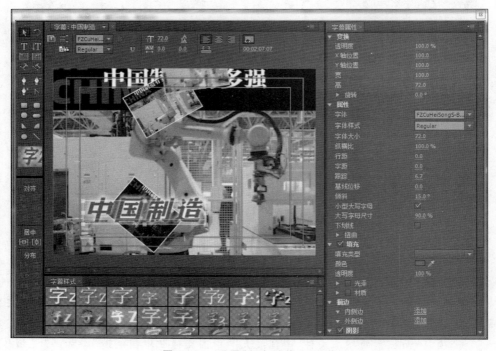

图 7-134　设置"创意时装秀"字幕

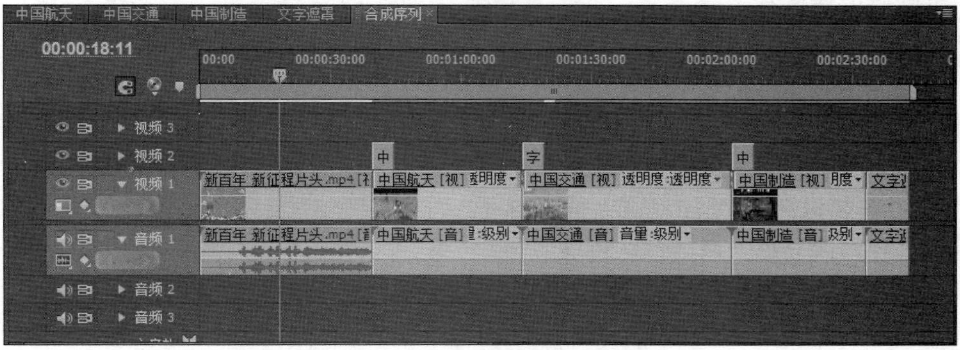

图 7-135　时间线上效果

（6）测试播放效果并导出文件。

流程图

本案例的流程如图 7-136 所示。

```
创建"中国航天"序列
        ↓
创建"中国交通"序列
        ↓
创建"中国制造"序列
        ↓
创建"文字遮罩"序列
        ↓
效果合成
        ↓
测试播放并导出
```

图 7-136　"'新百年、新征程'宣传片制作"流程图

课堂练习

1．使用_____命令可以改变素材的长度，加速或减慢素材的播放，或者使视频反向播放。

2．_____命令用于定格素材中的某一个帧，以使该帧出现在素材的入点到出点这段时间内。

3．使用_____命令可使所选素材的画幅与项目的画幅大小一致。

4．关键帧插值有两种，一种是_____，另一种是_____。

5．空间内插值有_____、_____、_____和_____四种插值方法。

6. 临时内插值有 _____、_____、_____、_____、_____、缓入、缓出七种插值方法。

 课后思考

通过"基本 3D"特效制作三维空间动画。

1. 怎样修改彩色蒙版的默认持续时间？

2. 怎样导出单帧图像？

模块 8

综合案例实训

8.1 环保公益广告的制作

 **案例描述**

本案例以环保为主题制作公益广告,唤醒人们的环保意识。人类共有一个地球,不要让我们的地球失去绿色。利用各种素材、文字及特效制作出丰富的画面效果,主题鲜明,从而引起公众的注意。

案例解析

在本案例中,需要完成以下操作:

- 使用"交叉叠化"视频切换制作背景转场。
- 使用"线性擦除""径向擦除"视频特效制作地球、彩虹的动画效果。
- 使用"色度键"对白鸽视频进行抠像。
- 使用位置变化、透明度变化制作字幕动画效果。
- 使用"轨道遮罩键""遮罩素材""粒子素材"制作文字消散效果。

8.1.1 制作环保广告背景效果

操作步骤

案例 17　环保公益广告(一)

1. 新建项目序列

运行 Premiere Pro CS6 软件,选择"新建项目"选项,新建一个项目,在"新建项目"窗口中选择项目文件保存的位置和名称。

单击"确定"按钮,会弹出"新建序列"对话框,执行"序列预设→有效预设→DV-PAL→宽银幕 48kHz"命令,单击"确定"按钮。

2. 导入素材文件

在"项目"窗口空白处双击,分别导入"案例 17 素材"文件夹中的图片、视频和声音素材,如图 8-1 所示。

图 8-1 "导入"对话框

3．制作环保广告背景效果

在"项目"窗口中，右击素材"背景一．jpg"，选择"素材速度/持续时间"选项，在"素材速度/持续时间"对话框中将"持续时间"设置为 7 秒，同样的方法将素材"背景二．jpg"的"持续时间"设置为 8 秒。

将素材"背景一．jpg"拖至"视频 1"轨道上，将时间指示移至 7 秒位置，将素材"背景二．jpg"拖至"背景一．jpg"后面，时间线如图 8-2 所示。

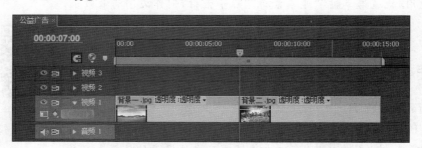

图 8-2 添加素材后的时间线窗口

在"特效控制台"窗口中对"背景一．jpg"进行参数设置，在"运动"选项中设置参数如下："缩放比例"为 162.0；同样的方法设置"背景二．jpg"："缩放比例"为 162.0，如图 8-3 所示。

添加转场效果。将"效果"→"视频切换"→"叠化"→"交叉叠化"效果拖至"背景一．jpg"和背景二．jpg 之间，完成环保广告背景的制作，时间线如图 8-4 所示。

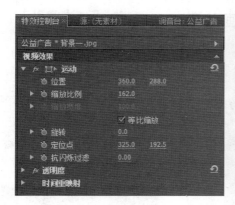

图 8-3　"特效控制台"的参数设置

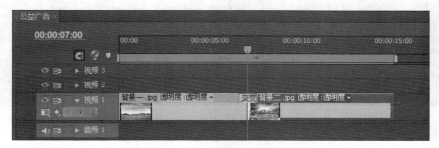

图 8-4　完成背景制作的时间线窗口

✎ 操 作 流 程

制作广告背景的操作流程如图 8-5 所示。

图 8-5　制作广告背景流程图

8.1.2 制作环保广告图案动画效果

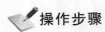操作步骤

案例17 环保公益广告(二)

1. 制作地球图案的动画效果

将素材"地球.png"的"持续时间"设置为7秒,将"地球.png"拖至"视频2"轨道上。

在"特效控制台"窗口中对"地球.png"进行参数设置,在"运动"选项中设置参数如下:"位置"为"360.0,405.0",如图8-6所示。

图8-6 时间线窗口及"特效控制台"的参数设置

为地球图案添加动画效果。将"效果→视频特效→过渡→线性擦除"效果拖至"地球.png"上,时间指示移至0秒处,设置参数如下:"过渡完成"为"100%",添加关键帧;"擦除角度"为"180.0°";"羽化"为"40.0",如图8-7所示;时间指示移至2秒处,设置参数如下:"过渡完成"为0%,添加关键帧。

图8-7 "线性擦除"特效的参数设置

2. 制作彩虹图案的动画效果

将素材"彩虹.png"的"持续时间"设置为5秒,时间指示移至2秒处,将"彩虹.png"拖至"视频3"轨道上,如图8-8所示。

在"特效控制台"窗口中对"彩虹.png"进行参数设置,在"运动"选项中设置参数如下:"位置"为"360.0,217.0";在"透明度"选项中设置参数如下:"透明度"为"80.0%";"混合模式"为"柔光";如图8-9所示。

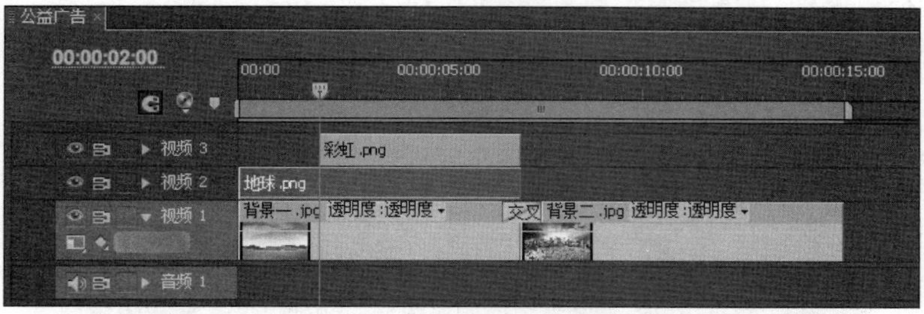

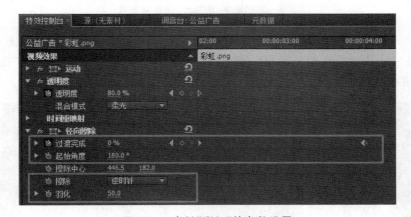

图 8-8　添加素材后的时间线窗口

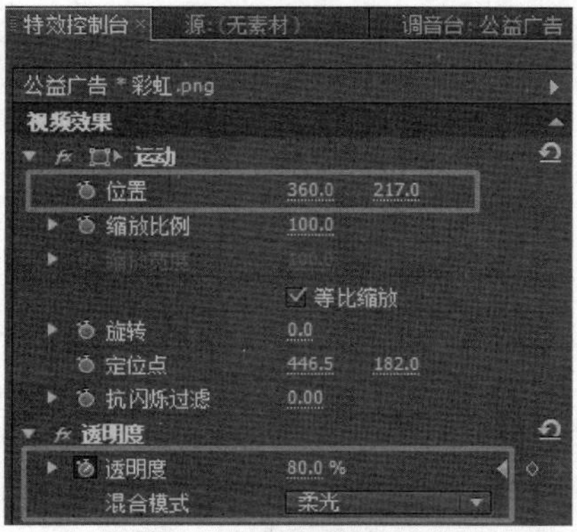

图 8-9　素材"地球"的参数设置

为彩虹图案添加动画效果。将"效果→视频特效→过渡→径向擦除"效果拖至"彩虹.png"上,时间指示移至 2 秒处,设置参数如下:"过渡完成"为"100%",添加关键帧;"起始角度"为"180.0°";"擦除"为逆时针;"羽化"为"50.0";时间指示移至 4 秒处,设置参数如下:"过渡完成"为"0%",添加关键帧,如图 8-10 所示。

图 8-10　素材"彩虹"的参数设置

3. 制作白鸽的动画效果

添加 4 条视频轨道。时间指示移至 4 秒处,将"GeZi00000.jpg"拖至"视频 4"轨道上,时间指示移至 7 秒处,使用"剃刀工具"将"GeZi00000.jpg"切割,删除 7 秒以后的部分。在"特效控制台"窗口中对"GeZi00000.jpg"进行参数设置,在"运动"选项中设置参数如下:"缩放比例"为"140.0",如图 8-11 所示。

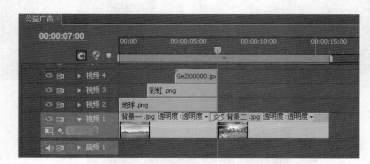

图 8-11　处理后的时间线窗口

对"GeZi00000.jpg"进行抠像。将"效果→视频特效→键控→颜色键"效果拖至"GeZi00000.jpg"上,设置参数如下:"主要颜色"为黑色(♯000000);"颜色宽容度"为"21";"薄化边缘"为"2";"羽化边缘"为"2.0",具体参数如图 8-12 所示。

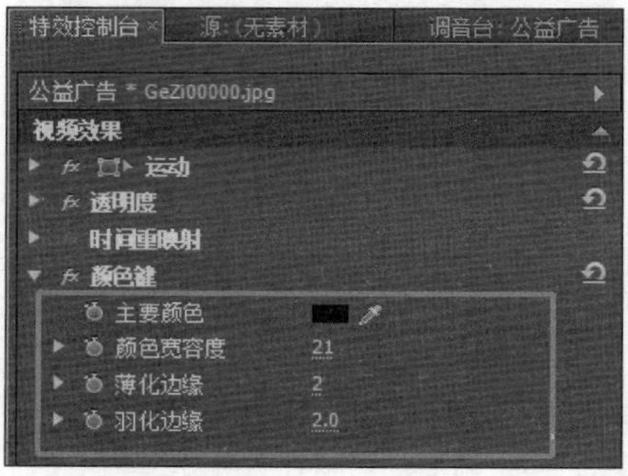

图 8-12　"颜色键"特效的参数设置

时间指示移至 5 秒 20 帧处,在"特效控制台"窗口中对"透明度"选项设置参数如下:"透明度"为"100.0%",添加关键帧;时间指示移至 6 秒 10 帧处,对"透明度"选项设置参数如下:"透明度"为"0.0%",添加关键帧,如图 8-13 所示。

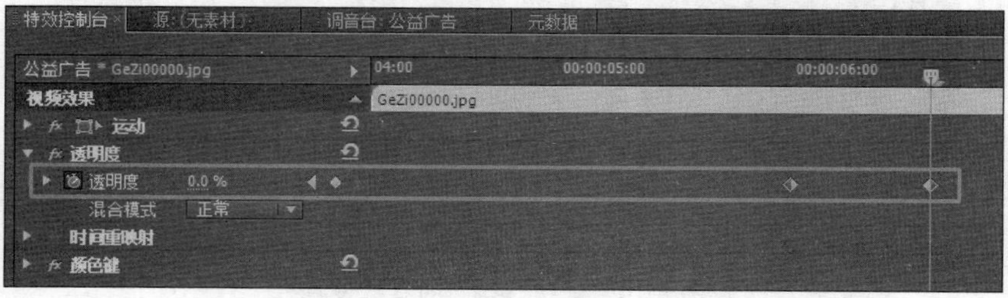

图 8-13　设置"透明度"的变化

在"节目"监视器窗口中可以预览环保广告图案动画效果,如图 8-14 所示。

图 8-14　环保广告图案动画效果

操作流程

制作广告图案动画效果操作流程如图 8-15 所示。

图 8-15　广告图案动画流程图

8.1.3　制作最终环保广告效果

操作步骤

1. 制作字幕 01

案例 17　环保公益广告（三）

新建静态字幕 01。在"字幕 01"编辑窗口中使用输入工具输入文字"不要让我们的地球"，在"字幕属性"面板中对"属性"进行参数设置："字体"为"Microsoft YaHei(微软雅黑)"；"字体样式"为"Bold"；"字体大小"为"65.0"；"倾斜"为"18.0°"；对"填充"进行参数设置："填充类型"为"实色"；"颜色"为"♯14280E"；对"阴影"进行参数设置："角度"为"100.0°"；"距离"为"5.0"；其它均为默认

设置；调整文字到适当位置。

2. 制作字幕02

新建静态字幕02。在"字幕02"编辑窗口中使用输入工具输入文字"失去绿色"，在"字幕属性"面板中进行适当的参数设置，完成后的字幕效果如图8-16所示。

图8-16　字幕效果

3. 制作字幕01动画效果

制作字幕01的透明度变化效果。将"字幕01"的"持续时间"设置为8秒，时间指示移至7秒处，将"字幕01"拖至"视频5"轨道上。

在7秒处，在"特效控制台"窗口中对"透明度"选项设置参数如下："透明度"为"0.0％"，添加关键帧；时间指示移至8秒处，对"透明度"选项设置参数如下："透明度"为"100.0％"，添加关键帧，如图8-17所示。

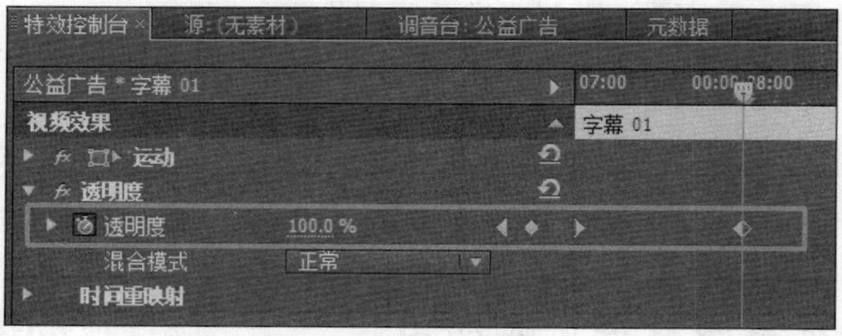

图8-17　设置"透明度"的变化

4. 制作字幕02消散效果

制作字幕02的消散效果。新建序列"字幕消散"，参数设置同前序列。将"字幕02"的"持续时间"设置为7秒，拖至"视频1"轨道上。

将"遮罩素材.mp4"拖至"视频2"轨道上，时间指示移至7秒处，使用"剃刀工具"将"遮罩素材.mp4"切割，删除7秒以后的部分。

将"效果"→"视频特效"→"键控"→"轨道遮罩键"效果拖至"字幕02"上，设置参数如下："遮罩"为"视频2"；"合成方式"为"Luma遮罩"；勾选反向；效果如图8-18所示。

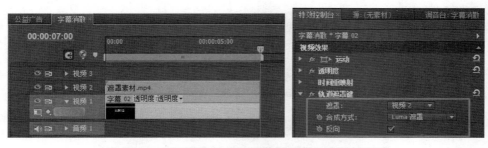

图 8-18 时间线窗口和"轨道遮罩键"特效的参数设置

5. 制作字幕 02 粒子消散效果

返回原序列。时间指示移至 8 秒处,将序列"字幕消散"拖至"视频 6"轨道上。在素材"字幕 01"上右击,选择"复制",在素材"字幕消散"上右击,选择"粘贴属性",为"字幕消散"添加透明度变化效果。

时间指示移至 9 秒处,将素材"粒子素材.avi"拖至"视频 7"轨道上。将"效果"→"视频特效"→"图像控制"→"黑白"效果拖至"粒子素材.avi"上;在"特效控制台"窗口中对"运动"选项设置参数如下:"位置"为"374.0,288.0";"缩放比例"为"65.0";对"透明度"选项设置参数如下:"混合模式"为"滤色"。

6. 添加音频

将音频文件"寂寞的街道.mp3"拖至"音频 1"轨道上,时间指示移至 15 秒处,使用"剃刀工具"将"寂寞的街道.mp3"切割,删除 15 秒以后的部分。在音频开始和结尾处单击右键,在弹出的快捷菜单中选择"应用默认过渡效果",为音频添加淡入、淡出音效。时间线最终如图 8-19 所示。

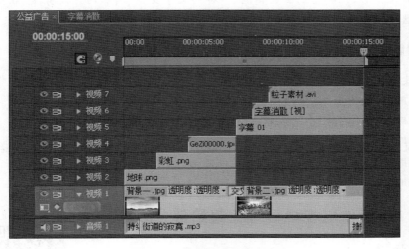

图 8-19 最终的时间线窗口

7. 保存预览

在菜单中执行"文件→存储"命令(或使用 Ctrl+S 组合键),保存项目,按 Space 键,可在"节目"监视器窗口中预览最终效果。

✏ **操作流程**

字幕效果制作流程如图 8-20 所示。

字幕01的制作

字幕02的制作

字幕01的制作透明度变化

字幕02的粒子消散效果

添加音频

图 8-20　字幕效果制作流程图

8.2　电视栏目片头的制作

📚 **案例描述**

在电视栏目竞争日益激烈的今天,想要吸引观众的眼球,提高收视率,栏目片头的作用不可小觑。栏目片头要体现栏目的特色,吸引观众的注意力,激发观众收看的欲望。虽然只有短短几十秒,但丰富的画面体验、多样的文字变换、精彩的片段剪接,在栏目片头的制作中依然不可或缺。

📖 **案例解析**

在本案例中,需要完成以下主要操作:
- 使用"随机擦除"视频切换制作背景转场。
- 使用"颜色键"对"手""地球框架"等图像进行抠像。
- 使用"彩色蒙版""镜头光晕"等功能制作光晕动画效果。
- 使用"Alpha 辉光"制作字幕的动画效果。
- 使用"光效"素材制作字幕的光效动画。

8.2.1　制作电视栏目片头起始部分效果

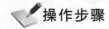📝 **操作步骤**

1. 新建项目序列

运行 Premiere Pro CS6 软件,选择"新建项目"选项,新建一个项目,在"新建项目"窗口中选择项目文件保存的

案例 18　电视栏目片头制作(一)

位置和名称。

　　单击"确定"按钮,会弹出"新建序列"对话框,执行"序列预设→有效预设→DV-PAL→宽银幕 48kHz"命令,单击"确定"按钮。

2. 导入素材文件

　　在"项目"窗口空白处双击,分别导入"案例 18 素材"文件夹中的图片、视频和声音素材,如图 8-21 所示。

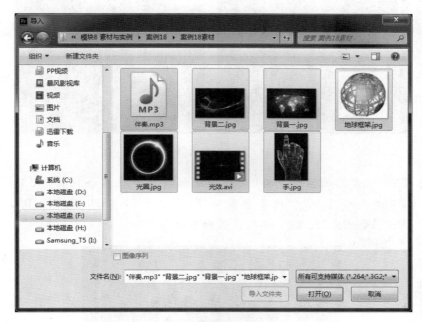

图 8-21　"导入"对话框

3. 制作电视栏目片头背景效果

　　在素材"背景一.jpg"上右击,选择"素材速度/持续时间"选项,在"素材速度/持续时间"对话框中将"持续时间"设置为 4 秒,同样的方法将素材"背景二.jpg"的"持续时间"设置为 4 秒。

　　将素材"背景一.jpg"拖至"视频 1"轨道上,将时间指示移至 4 秒位置,将素材"背景二.jpg"拖至"背景一.jpg"后面,时间线如图 8-22 所示。

图 8-22　添加素材后的时间线窗口

在"特效控制台"窗口中对"背景一.jpg"进行参数设置,在"运动"选项中设置参数如下:"缩放比例"为"162.0";同样的方法设置"背景二.jpg":"缩放比例"为"162.0",如图8-23所示。

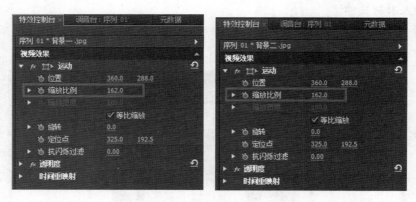

图8-23 "特效控制台"的参数设置

为"背景一.jpg"添加网格。将"效果→视频特效→生成→网格"效果拖至"背景一.jpg"上,在"特效控制台"中设置参数如下:"边角"为"390.0,270.0";"颜色"为"#FFFFFF";"混合模式"为叠加;参数设置如图8-24所示。

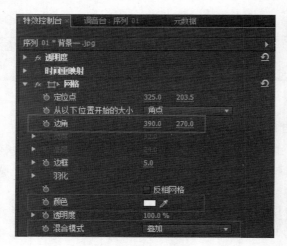

图8-24 "网格"特效的参数设置

添加转场效果。将"效果→视频切换→擦除→随机擦除"效果拖至"背景一.jpg"与"背景二.jpg"的切点中间,完成电视栏目片头背景的制作,"随机擦除"面板设置如图8-25所示,背景效果如图8-26所示。

操作流程

制作电视栏目片头流程如图8-27所示。

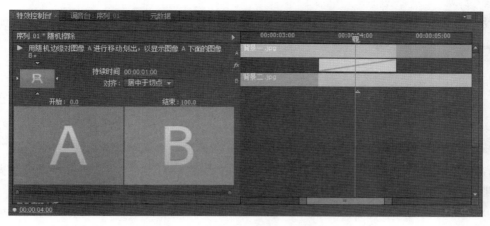

图 8-25　"随机擦除"面板的设置

图 8-26　转场效果

图 8-27　电视栏目片头制作流程图

8.2.2 制作电视栏目片头光晕部分效果

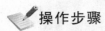操作步骤

案例18 电视栏目片头制作（二）

1. 制作手图案的动画效果

将素材"手.jpg"的"持续时间"设置为4秒，将"手.jpg"拖至"视频2"轨道上。

对"手.jpg"进行抠像。将"效果→视频特效→键控→颜色键"效果拖至"手.jpg"上，设置参数如下："主要颜色"黑色（#000000）；"颜色宽容度"为"20"；"薄化边缘"为"0"；"羽化边缘"为"2.0"；具体参数如图8-28所示。

在"特效控制台"窗口中对"手.jpg"进行参数设置，在"运动"选项中设置参数如下："位置"为"194.0,834.0"，添加关键帧；"缩放比例"为"50.0"；时间指示移至1秒处，对"运动"选项设置参数如下："位置"为"194.0,412.0"，添加关键帧，参数设置如图8-29所示。

图8-28 "颜色键"特效的参数设置　　　　图8-29 素材"手"的参数设置

2. 制作镜头光晕动画效果

在菜单中执行"文件→新建→彩色蒙版"命令，弹出"新建彩色蒙版"对话框，采用默认设置确定后，在弹出的"颜色拾取"对话框中选择黑色（#000000），接下来在"选择名称"对话框中输入名称"光晕"，单击"确定"按钮，新建以"光晕"为名的彩色蒙版。

将素材"光晕"的"持续时间"设置为3秒，时间指示移至1秒处，将"光晕"拖至"视频3"轨道上。

制作镜头光晕动画效果。将"效果→视频特效→生成→镜头光晕"效果拖至"光晕"上，设置参数如下："光晕中心"为"153.0,185.0"，添加关键帧；"与原始图像混合"为"5%"。时间指示移至3秒处，设置参数如下："光晕中心"为"842.0,185.0"，添加关键帧；其他参数不变。在"透明度"选项中设置参数如下："混合模式"为滤色；具体参数如图8-30所示。

操作流程

电视栏目片头光晕制作流程如图8-31所示。

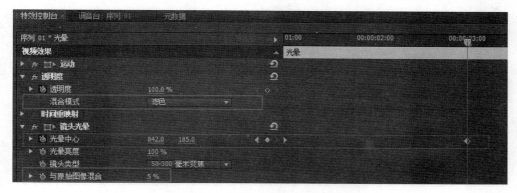

图 8-30　素材"光晕"的参数设置

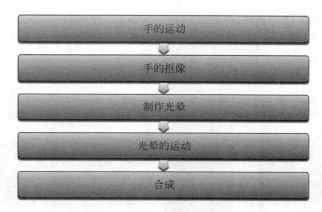

图 8-31　片头光晕制作流程图

8.2.3　制作电视栏目片头光圈旋转效果

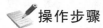操作步骤

1. 制作光圈图案的旋转动画效果

添加 4 条视频轨道。

案例 18　电视栏目片头制作(三)

将素材"光圈.jpg"的"持续时间"设置为 4 秒,时间指示移至 4 秒处,将"光圈.jpg"拖至"视频 4"轨道上。

在"特效控制台"窗口中对"光圈.jpg"进行参数设置,在"运动"选项中设置参数如下:"位置"为"141.0,283.0";"缩放比例"为"65.0"。在"透明度"选项中设置参数如下:"透明度"为"0.0%",添加关键帧;"混合模式"为"滤色"。时间指示移至 5 秒处,设置参数如下:"透明度"为"50.0%",添加关键帧。同时在"旋转"选项处添加关键帧。时间指示移至最后(8 秒),设置参数如下:"旋转"1×0.0°,添加关键帧。参数设置如图 8-32 所示。

2. 制作地球框架图案的动画效果

将素材"地球框架.jpg"的"持续时间"设置为 4 秒,时间指示移至 4 秒处,将"地球框架.jpg"拖至"视频 5"轨道上。

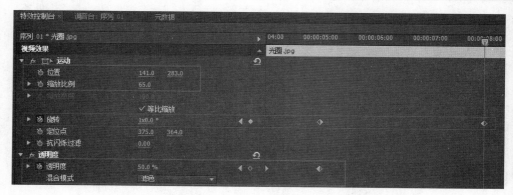

图 8-32　素材"光圈"的参数设置

对"地球框架.jpg"进行抠像。将"效果→视频特效→键控→颜色键"效果拖至"地球框架.jpg"上，设置参数如下："主要颜色"白色（#FFFFFF）；"颜色宽容度"为"20"；"薄化边缘"为"1"；"羽化边缘"为"1.0"；具体参数如图 8-33 所示。

在"特效控制台"窗口中对"地球框架.jpg"进行参数设置，在"运动"选项中设置参数如下："位置"为"139.0,283.0"；"缩放比例"为"0.0"，添加关键帧。时间指示移至 5 秒处，设置参数如下："缩放比例"为"40.0"，添加关键帧。参数设置如图 8-34 所示。

图 8-33　"颜色键"特效的参数设置

图 8-34　设置"地球框架"的动画效果

![操作流程]

电视栏目片头光圈旋转制作流程如图 8-35 所示。

图 8-35　片头光圈旋转制作流程图

8.2.4　制作电视栏目片头的文字效果

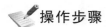 操作步骤

1. 制作静态字幕

案例 18　电视栏目片头制作（四）

新建静态字幕 01。在"字幕 01"编辑窗口中使用输入工具输入文字"科技之光"，在"字幕属性"面板中对"属性"进行参数设置："字体"为"FZZongYi-M05T（方正综艺简体）"；"字体大小"为"87.0"；对"填充"进行参数设置："填充类型"为"线性渐变"；"颜色"：第一个色标为"#196AED"，第二个色标为"#7CF4FD"；其它均为默认设置，将文字调整到适当位置。

图 8-36　字幕效果

2. 制作字幕的 Alpha 辉光动画效果

将"字幕 01"的"持续时间"设置为 3 秒，时间指示移至 5 秒处，将"字幕 01"拖至"视频 6"轨道上。

在"特效控制台"窗口中对"字幕 01"进行参数设置，在"透明度"选项中设置参数如下："透明度"为"0.0%"，添加关键帧。时间指示移至 5 秒 15 帧处，设置参数如下："透明度"为"100.0%"，添加关键帧。

将"效果→视频特效→风格化→Alpha 辉光"效果拖至"字幕 01"上，设置参数如下："发光"为"0"，添加关键帧；"起始颜色"为白色（#FFFFFF）。时间指示移至 5 秒 20 帧处，设置参数如下："发光"为"26"，添加关键帧。时间指示移至 6 秒 10 帧处，设置参数如下："发光"为"14"，添加关键帧。具体参数如图 8-37 所示。

3. 字幕的光效动画

时间指示移至 5 秒处，将素材"光效.avi"拖至视频 7"轨道上，使用"剃刀工具"在 8 秒处切割并删除后面的部分。如图 8-37，在"特效控制台"窗口中对"光效.avi"进行参数设

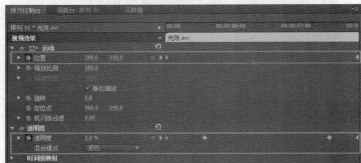

图 8-37 "字幕 01"和"光效.avi"的参数设置

置,在"运动"选项中设置参数如下:"位置"为"288.0,310.0",添加关键帧;在"透明度"选项中设置参数如下:"透明度"为"0.0％",添加关键帧;"混合模式"为"滤色"。时间指示移至 5 秒 15 帧处,设置参数如下:"透明度"为"100.0％",添加关键帧。时间指示移至 7 秒10 帧处,在"透明度"处添加关键帧。时间指示移至 8 秒处,设置参数如下:"位置"为"535.0,310.0",添加关键帧;"透明度"为"0.0％",添加关键帧。

4. 添加音频

将音频文件"伴奏.mp3"拖至"音频 1"轨道上,时间指示移至 8 秒处,使用"剃刀工具"将"伴奏.mp3"切割,删除 8 秒以后的部分,时间线最终如图 8-38 所示。

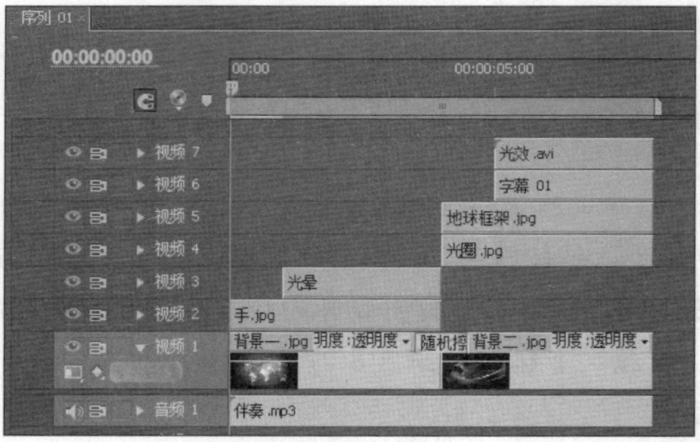

图 8-38 最终的时间线窗口

5. 保存预览

在菜单中执行"文件→存储"命令(或使用 Ctrl+S 组合键),保存项目,按 Space 键,可在"节目"监视器窗口中预览最终效果,如图 8-39 所示。

图 8-39　最终效果

操作流程

片头文字效果制作流程如图 8-40 所示。

图 8-40　片头文字效果制作流程图

8.3 电子相册的制作

案例描述

数码相机在家庭中越来越普及,人们更多的选择将照片加入背景音乐,加入文字、视频或者动画效果,制作成电子相册,这样不仅方便存储,也可以更加动态,更加多姿多彩的展现照片。本案例将带领大家制作一款儿童电子相册,体验电子相册的制作过程。

案例解析

在本案例中,需要完成以下操作:

- 使用"序列嵌套"制作相册的封面。
- 使用"摄像机视图"视频特效制作照片的透视效果。
- 使用视频轨道的"混合模式"完成视频素材的简单抠图效果。
- 使用"粘贴属性"快速完成照片的相同设置。

8.3.1 制作儿童相册封面效果

操作步骤

1. 新建项目序列

运行 Premiere Pro CS6 软件,选择"新建项目"选项,新建

案例 19　电子相册(一)

一个项目,在"新建项目"窗口中选择项目文件保存的位置和名称。

单击"确定"按钮,会弹出"新建序列"对话框,执行"序列预设→有效预设→DV-PAL→宽银幕 48kHz"命令,单击"确定"按钮。

2. 导入素材文件

设置首选项。在菜单中执行"编辑→首选项→常规"命令,在弹出的"首选项"对话框中,将"静帧图像默认持续时间"设置为"75"帧。在"项目"窗口空白处双击,分别导入"案例 19 素材"文件夹中的图片、视频和声音素材,如图 8-41 所示。

3. 调整素材时长和放置轨道

在菜单中执行"文件→新建→彩色蒙版"命令,弹出"新建彩色蒙版"对话框,采用默认设置,单击"确定"按钮,在弹出的"颜色拾取"对话框中设置颜色为淡蓝色(♯4EB3DD),确定后弹出"选择名称"对话框,采用默认名称"彩色蒙版",单击"确定"按钮,完成彩色蒙版的制作。

添加 5 条视频轨道。分别将素材"彩色蒙版""色条.png""点画线.png""长颈鹿.png""文字.png""笔画.png"拖至视频轨道上,其中"点画线.png"和"长颈鹿.png"分别拖曳两次,视频轨道最终如图 8-42 所示。

4. 调整素材比例和位置

在"特效控制台"窗口中对素材进行比例和位置调整。

对"色条.png"进行参数设置,在"运动"选项中设置参数如下:"位置"为"347.0,288.0"。

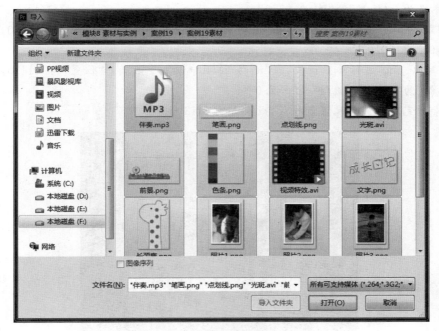

图 8-41　"导入"对话框

图 8-42　添加素材后的时间线窗口

　　对"视频 3"轨道中的"点画线.png"进行参数设置,在"运动"选项中设置参数为:"位置"为"199.0,288.0"。

　　对"视频 4"轨道中的"点画线.png"进行参数设置,在"运动"选项中设置参数为:"位置"为"302.0,288.0"。

　　对"视频 5"轨道中的"长颈鹿.png"进行参数设置,在"运动"选项中设置参数为:"位置"为"612.0,446.0";"缩放比例"为"150.0"。

　　将"效果→视频特效→变换→垂直翻转"和"效果→视频特效→变换→水平翻转"效果拖至"视频 6"轨道中的"长颈鹿.png"上,对"长颈鹿.png"进行参数设置,在"运动"选项中设置参数为："位置"为"90.0,88.0"。

对"文字.png"进行参数设置,在"运动"选项中设置参数为："位置"为"499.0,186.0";"缩放比例"为"90.0"。

对"笔画.png"进行参数设置,在"运动"选项中设置参数为："位置"为"514.0,273.0";"缩放比例"为"47.0";"旋转"为"—7.0°"。

对素材完成比例和位置调整后,效果如图 8-43 所示。

图 8-43 调整完素材后的效果

5. 设置动画效果

将"效果→视频特效→变换→裁剪"效果拖至"色条.png"上,时间指示移至 0 秒处,设置参数如下："底部"为"100.0%",添加关键帧;时间指示移至 15 帧处,设置参数为："底部"为"0.0%",添加关键帧。参数设置如图 8-44 所示。

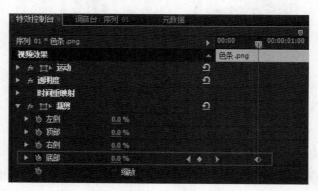

图 8-44 素材"色条"的动画设置

将"效果→视频特效→变换→裁剪"效果拖至"视频 3"轨道中的"点画线.png"上,时间指示移至 0 秒处,设置参数为："顶部"为"100.0%",添加关键帧;时间指示移至 15 帧处,设置参数为："顶部"为"0.0%",添加关键帧。参数设置如图 8-45 所示。

"视频 4"轨道中的"点画线.png"与"视频 3"轨道中的"点画线.png"设置方法完全相同。

设置"视频 5"轨道中的"长颈鹿.png"的动画效果。时间指示移至 1 秒处,在"运动"

图 8-45 素材"点画线"的动画设置

选项中的"位置"处添加关键帧；时间指示移至 15 帧处，设置参数如下："位置"为"612.0，699.0"，添加关键帧。参数设置如图 8-46 所示。

图 8-46 "视频 5"轨道中的"长颈鹿"素材的动画设置

设置"视频 6"轨道中的"长颈鹿.png"的动画效果。时间指示移至 1 秒处，在"运动"选项中的"位置"处添加关键帧；时间指示移至 15 帧处，设置参数为："位置"为"90.0，－83.0"，添加关键帧。参数设置如图 8-47 所示。

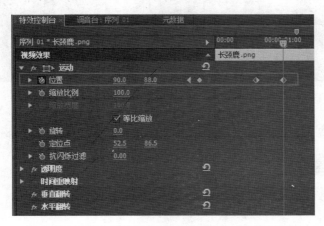

图 8-47 "视频 6"轨道中的"长颈鹿"素材的动画设置

设置"文字.png"的动画效果。时间指示移至 1 秒 5 帧处,在"运动"选项中的"缩放比例"处添加关键帧;时间指示移至 1 秒处,设置参数如下:"缩放比例"为"0.0",添加关键帧。时间指示移至 1 秒 5 帧处,设置参数为:"旋转"为"0.0°",添加关键帧;时间指示分别移至 1 秒 7 帧处、1 秒 9 帧处、1 秒 11 帧处、1 秒 13 帧处、1 秒 15 帧处、1 秒 17 帧处、1 秒 19 帧处、1 秒 21 帧处,分别设置"旋转"为"—5.0°、0.0°、5.0°、0.0°、—5.0°、0.0°、5.0°、0.0°",分别添加关键帧。参数设置如图 8-48 所示。

图 8-48　素材"文字"的动画设置

将"效果→视频特效→过渡→线性擦除"效果拖至"笔画.png"上,时间指示移至 1 秒 21 帧处,设置参数如下:"过渡完成"为"100%",添加关键帧;"擦除角度"为"259.0°";时间指示移至 2 秒处,设置参数如下:"过渡完成"为"0%",添加关键帧。参数设置如图 8-49 所示。

图 8-49　素材"画笔"的动画设置

在"节目"监视器窗口中可以预览儿童相册封面的动画效果,如图 8-50 所示。

操作流程

相册封面制作流程如图 8-51 所示。

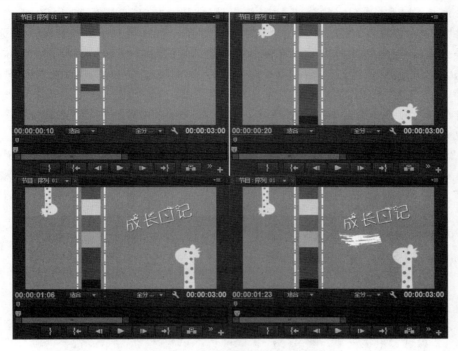

图 8-50　儿童相册封面的动画效果

图 8-51　相册封面制作流程图

8.3.2　制作儿童相册第二部分效果

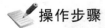操作步骤

1. 制作相册背景

在菜单中执行"文件→新建→序列"命令(或使用 Ctrl＋N 组合键),采用与"序列 01"相同的设置,新建"序列 02"。

将"彩色蒙版"拖至"序列 02"的"视频 1"轨道中,在"彩色蒙版"上右击,在弹出的快捷

案例 19　电子相册(二)

菜单中选择"素材速度/持续时间"选项,将素材的"持续时间"设置为 10 秒 20 帧。

将"序列 01"拖至"视频 2"轨道中,在"序列 01"上右击,在弹出的快捷菜单中选择"解除视音频链接"选项,解除链接后,删除音频部分。时间指示移至 2 秒 15 帧,在"运动"选项中的"位置"处添加关键帧;时间指示移至 3 秒处,设置参数如下:"位置"为"−101.0,288.0",添加关键帧。

时间指示移至 3 秒处,将"视频特效.avi"拖至"视频 2"轨道中,用"剃刀工具"删除多余的视频部分,在"透明度"选项中设置参数如下:"混合模式""线性减淡(添加)"。将"光斑.avi"拖至"视频 3"轨道中,同样用"剃刀工具"删除多余的视频部分,在"运动"选项中设置参数如下:"缩放比例"为"56.0";在"透明度"选项中设置参数如下:"混合模式"为"叠加"。视频轨道如图 8-52 所示。

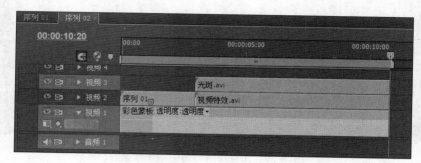

图 8-52 相册背景的时间线窗口

2. 制作照片动画效果

添加 5 条视频轨道。

时间指示移至 3 秒处,将"照片 1.png"拖至"视频 4"轨道上,将"效果→视频特效→变换→摄像机视图"效果拖至"照片 1.png"上,单击"设置…"按钮,在弹出的"摄像机视图设置"对话框中,去掉"填充 Alpha 通道"的勾选,并设置参数如下:"经度"为"30"。参数设置如图 8-53 所示。

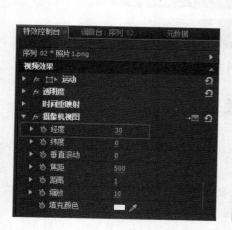
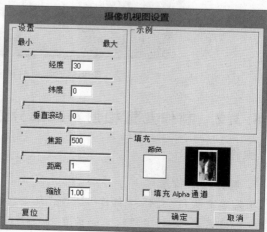

图 8-53 "摄像机视图"特效的参数设置

时间指示移至 3 秒处，在"运动"选项中设置参数如下："位置"为"807.0，288.0"，"缩放比例"为"110.0"，分别添加关键帧；时间指示移至 3 秒 10 帧处，设置参数如下："位置"为"360.0，288.0"，"缩放比例"为"70.0"，添加关键帧；时间指示移至 4 秒 5 帧处，在"位置"和"缩放比例"处添加关键帧；时间指示移至 4 秒 15 帧处，设置参数如下："位置"为"—105.0，288.0"，"缩放比例"为"20.0"，添加关键帧。参数设置如图 8-54 所示。

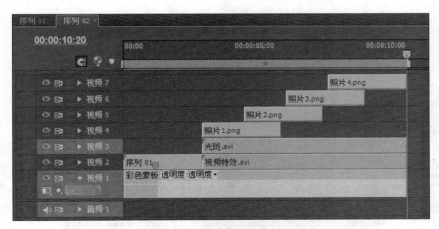

图 8-54　素材"照片 1"的动画设置

分别将"照片 2.png""照片 3.png""照片 4.png"拖至"视频 5""视频 6""视频 7"轨道上，位置分别在 4 秒 15 帧、6 秒 5 帧、7 秒 20 帧。视频轨道如图 8-55 所示。

图 8-55　调整后的时间线窗口

在"照片 1.png"上右击，执行"复制"命令，分别在"照片 2.png""照片 3.png""照片 4.png"上右击，选择"粘贴属性"选项，即可将"照片 1.png"上设置的动画效果复制到其他照片上。

3．制作相册前景

将素材"前景.png"的"持续时间"设置为 7 秒 20 帧，时间指示移至 3 秒处，将"前景.png"拖至"视频 7"轨道上。在"运动"选项中设置参数如下："位置"为"433.0，946.0"，添加关键帧；时间指示移至 3 秒 5 帧处，设置参数如下："位置"为"433.0，347.0"，添加关键帧。参数设置如图 8-56 所示。

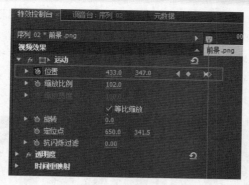

图 8-56 素材"前景"的动画设置

操 作 流 程

儿童相册第二部分效果制作流程如图 8-57 所示。

图 8-57 儿童相册第二部分效果制作流程图

8.3.3 制作儿童相册最终效果

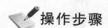 操作步骤

1. 添加音频

将音频文件"伴奏.mp3"拖至"音频 1"轨道上，时间指示移至 10 秒 20 帧处，使用"剃刀工具"将"伴奏.mp3"切割，删除 10 秒 20 帧以后的部分，时间线最终如图 8-58 所示。

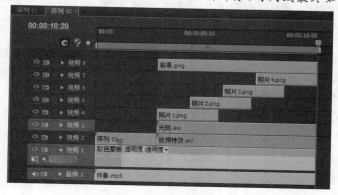

图 8-58 最终的时间线窗口

2．保存预览

在菜单中执行"文件→存储"命令（或使用 Ctrl＋S 组合键），保存项目，按 Space 键，可在"节目"监视器窗口中预览最终效果，如图 8-59 所示。

图 8-59　最终效果

课后实战

1．通过网络下载素材资源，以"低碳环保 绿色生活"为主题制作一段公益宣传广告。

2．使用自己的数码产品拍摄素材，为学校"职业技能大赛"选拔活动设计宣传片头。

3．搜集部分同学的照片，选择自己喜欢的风格，以"奋斗的青春最美丽"为主题设计班级相册。